华夏经典

传统文化

赏读

司马法良·编著

茗茶品韵

中州古籍出版社

图书在版编目（CIP）数据

茗茶品韵：华夏茶文化赏读 / 司马法良编著. --
郑州：中州古籍出版社，2015.7
（华夏经典传统文化赏读）
ISBN 978-7-5348-5425-5

Ⅰ.①茗… Ⅱ.①司… Ⅲ.①茶叶—文化—中国
Ⅳ.①TS971

中国版本图书馆 CIP 数据核字（2015）第 172383 号

图片提供：©微图

出版社：中州古籍出版社
（地址：郑州市经五路 66 号 电话：0371-65788698 0371-65788693
邮政编码：450002）
发行单位：新华书店
承印单位：永清县晔盛亚胶印有限公司
开本：1/16　印张：16　字数：216 千字
版次：2016 年 1 月第 1 版　印次：2016 年 1 月第 1 次印刷

定价：49.00 元

前　言

茶叶堪称是中华民族对世界文明作出的独特贡献，它与咖啡、可可并称为世界三大非酒精类饮料，以其神奇的功效和魅力，备受世人喜爱，成为风靡世界的大众化饮品。裴述在《茶述》中说茶叶“其性精清，其味浩洁，其用涤烦，其功致和。参百品而不混，越众饮而独高”。几千年来，人们饮茶，恒久不厌，不仅在物质生活上得到享受，而且在精神上也得到愉悦，茶遂成为人们不可或缺的珍品，更被誉为康乐饮料之王。

法国的著名学者费尔南·布罗代尔说：“茶在中国与葡萄在地中海沿岸起的作用相同，凝聚着高度发达的文明。”由此可知，中国是茶的故乡，是茶文化起源和传播的中心，已经得到世界的承认。

“茶之为饮，发乎神农氏，闻于鲁周公”，在历经唐代的发扬，宋代更提升为品赏意境。再由明代的演进推广，迄今饮茶的历史已在3000年以上了。如果说古老的中华文明是一条浩荡万里的长河，那么源远流长的茶文化就是这条长河的明净而意韵绵长的支流。正因为茶业经济和茶文化是高度发达的中华文明的一个载体，不仅在中国历史发展进程中发挥了重要作用，而且在世界文明史上产生了重要影响，所以，茶业史、茶文化也成了学术界研究的重要课题。

本书堪称是记述茶文化的专著，在介绍了茶史、茶道、茶文、茶俗、茶具等专业知识的同时，还介绍了制茶、茶饮等技艺，使之在具有知识性、科学性的基础上，更有实用性；并因其采用了图文并茂的版式，更使本书具有欣赏性与收藏性。但我们也知道这本小书的份量，如果说博大精深的茶文化是一株高大的茶树，本书就是树上的一片茶叶，如果读者诸君能从这片茶叶中品味出一缕清香，我们便感到欣慰了。

目录

茶史篇

制茶篇

识茶篇

饮茶篇

茶道篇

茶文篇

茶俗篇

茶史篇

凤篁岭头春露香，青裙女儿指爪长。

渡涧穿云采茶去，日午归来不满筐。

催贡文移下官府，那管山寒芽未吐。

焙成粒粒比莲心，谁知侬比莲心苦。

茶　史

茶的历史既是一部中华民族的人文发展史，又是一部绚丽多彩的民俗史。茶起源于中国，中国是茶的故乡，这本来是千古定论，可到了19世纪初，关于茶树的原产地却出现了异议。

茶的起源

关于茶树原产地的争议

对茶的起源的探求，往往集中在对茶树的原产地的研究上。茶树原产于中国云、贵、川一带的密林中。这一地带气候温暖潮湿，是茶树生长的理想之地。然而当地球进入第三纪末至第四纪初时，由于全球气候骤冷，冰川时期出现，大部分亚热带植物被冻死，而中国西南一带受冰川时期的影响较小，使部分茶树得以存活。因此，唐代的陆羽在《茶经》中说："茶者，南方之嘉木也，一尺，二尺乃至数十尺，其巴山峡川有两人合抱者。"

此外，在新中国成立后，中国的茶叶工作者相继在云南、贵州、四川、广西、广东、湖南、福建、江西等省发现了以南糯山大茶树为代表的一大批野生大茶树。

综合国内外专家对世界各地野生茶的考察结果，世界上现已报告的有关野生大茶树的分布地域中，最多且分布最集中的地区就是中国的西南地区。这就进一步证实了中国西南地区作为茶树原产地的可靠性。

然而到了19世纪初，关于茶树原产地的异议却出现了。清道光四年（1824年），驻印度的英军少校勃鲁士在印度北部阿萨姆省皮珊的新福区发现了野生大茶树，便公开宣称印度为茶树的原产地，从此在世界范围内掀起了关于世界茶树原产地的争论，并且持续达一个半世纪之久。此外，英国人艾登也来凑热闹，他在所著的《茶》中，提出："茶树原产依洛瓦底江发源处的中心地带。或者产在这个中心地带的无名高地。"

争论归争论，事实终归是事实。正如达尔文所说："每一个物种都有它的起源中心"，"这一中心是特种分布区的起源中心"。因此那种调和的观点或笼统地认为茶树起源于一个广泛地区的看法都是站不住脚的，至少说是不够确切的。经过国际茶学界尤其是中国学者百余年的孜孜探求，已经从各个方面获得了大量的科学资料，充分证明中国是茶树的原产地，中国是茶的故乡。

神农氏发现利用茶叶的传说

地球上有茶树植物，已有七八千年的漫长历史了。但茶的发现与利用，却只有数千年的时间，这是中国先民们对人类发展的一大贡献。陆羽《茶经》中说："茶之为饮，发乎神农氏，闻于鲁周公，齐有晏婴，汉有扬雄、司马相如，吴有韦曜，晋有刘琨、张载、祖纳、谢安、左思之徒，皆饮焉。"关于神农氏发现并利用茶叶的传说，一般都引用《神农本草经》：“神农尝百草之滋味，水泉之甘苦，令民知所避就，当此之时，日遇七十毒，得茶而解”，“茶味苦，饮之使人益思，少卧，轻身明目”。但此书，今天已无法看到，无从考究。最近有人撰文认为“神农得茶是好人子虚乌有制造的神话”，加以摒弃。这大可不必，因为上古时代的史实，在古文献中很多都被蒙上浓重的神话色彩，不能因此弃而不信，只能通过这些神话现象去寻觅先民们创造历史的足迹。炎帝神农氏被尊为中华民族的始祖之一，当时处于母系氏族社会向父系氏族社会转化，采集狩猎生活向原始农业和畜牧业发展的过渡时期，传说神农氏“因天之时，分地之利，制耒耜，教民耕作，神而化之，使民宜之，故谓之神农也”。也就是说，神农氏可以作为改造自然、发展农业经济的先民的化身。正是从这个意义上说，这一神话传说大体反映了中国原始人类在公元前2000多年时，已在劳动生活中发现了茶叶的药用和食用功效，从而逐步使这种野生植物经过驯化、培植、利用为重要的经济植物，与人类生活结下了不解之缘。所谓“闻于鲁周公”，是指始自周公、成于孔门、增补于汉的古代字书《尔雅》中有“槚，苦荼”“茗，苦荼”等的记载。《晏子春秋》中亦有晏婴相齐景公时，“食脱粟之饭，炙三弋五卵茗荼”的说法。中国最早的诗歌总集《诗经》中也有“谁谓荼苦，其甘如荠”等诗句。而《华阳国志》的记载则表明，周初的巴地已经有茶园经营并贡茶于周廷。总之，早在上古时代，中国就已经开始了茶的发现、利用和生产经营，其后更日益发展，蔚然成风，足以证明中国是世界茶业起源的中心。

巴蜀茶事的起源

中国作为“茶的故乡”，不仅因为中国存有最原始的野生大茶树种，更重要的是在于中华民族最先认识到茶的功用，从而在漫长的历史岁月中逐渐培育和创造出源远流长的茶文化，不仅极大地丰富了人类的物质生活，还为人类精神文明宝库增添了无价的宝藏。而中国茶史的起源和茶文化的萌芽又都是在巴蜀地区出现的。这里最早开始饮茶、种茶，最早出现茶叶市场，最早以蒙顶名品驰誉全国，在唐宋以前，巴蜀茶区在中国茶史中一直独享盛誉。

就以“神农尝百草、遇毒得茶始解”的传说而言，神农氏原是被称作三苗、九黎的一个南方氏族或部落。《荆州记》载：“随县地有厉乡村，重山一穴，相传为神农所生穴也。”有著名茶史专家根据神农氏的活动范围探讨茶的起源，认为：神农这个氏族或部落最早可能生息在川东和鄂西山区。他们在这里首先发现茶的药用，进一步把茶当成了采食的对象。后来他们西南的一支或后裔，分散到四川更广泛的地区生活，并且在茶的食用基础上首先发明了茶的饮用，所以中国把饮茶和茶叶的生产发展成为一个事业，不是北方而仍然是从四川开始的。另据古今学者的考证，一致认为茶的发现最初当在巴蜀，其他地区的茶叶生产和饮用都是从巴蜀地区传播去的。有明末清初著名学者在考察了“茶”字的演变源流之后，认为：“是知自秦人取蜀而后，始有茗饮之事。”也就是说战国末期秦昭襄王灭蜀之后，茶事活动才传到了中原地区，而不再局限于西南一隅了。

古代文献中关于“茶”“香茗”的最早记述，也是在四川东部的巴国境内。晋人常璩《华阳国志·巴志》：“周武王伐纣，实得巴蜀之师。武王既克殷，以其宗姬封于巴，爵之以子。古者远国虽大，爵不过子，故吴、楚及巴皆曰子。其地东至鱼腹，西至僰道，北接汉中，南极黔涪。土植五谷，牲具六畜，桑、蚕、麻、纻、鱼、盐、铜、铁、丹、漆、茶、蜜、灵龟、巨犀、山鸡、白雉、黄润、鲜粉，皆纳贡之。其果实之珍者，树有荔芰，蔓有辛蒟，园有芳蒻、香茗。”其中谈到涪陵郡时又说：“无桑蚕，少文字，惟出茶、丹、漆。”香茗即茶叶，上述记载说明早在公元前2000多年前的周初巴国境内已经有人工茶园培植的茶叶，并且作为贡品，非常珍重地献给周王室，可知当时当地的茶叶生产已达到一定的水平。

在巴国之西，是当时的蜀国，其境内也有茶叶的生产。西汉扬雄的《方言》载：“蜀人谓茶曰葭萌。”而据《华阳国志·蜀志》记载，先秦时，末代蜀王有个弟弟叫葭萌，封号直侯。他所在的城邑（在今广元市境内）也就称作葭萌了，后来汉代还在此置葭萌郡。《蜀志》还记载什邡县“山出好茶”；南安、武阳“皆出名茶”，可知该地已有茶叶栽培之事。明人杨慎《郡国外夷考》：“葭萌，《汉志》：‘葭萌，蜀郡名。葭音芒，方言蜀人谓茶曰葭萌，盖以茶氏郡也。’”则又知葭萌不仅以人名其地，且以茶名其地，或者可以说蜀王之弟不仅以茶作名，还以茶名其封邑，足见这个后来盛产茶叶的地区早在先秦时代就已经有了茶事活动，而且影响很大。

秦朝统一之后，巴蜀与内地的经济文化交往更加频繁，从汉代文献中可以看出巴蜀的茶事活动也更加发展了，茶叶已成为社会经济生活中的重要物品。西汉蜀人文学家司马相如的《凡将篇》记载当地21味中草药材，茶为其一，可知蜀地产茶且有用作药物的。《方言》："蜀西南人谓茶为曰葭萌。"而据《华阳国志》的记载，汉代巴蜀地区茶叶分布十分广泛，既有野生茶树，更有人工栽培，品种很多，产量也很大，从而出现了茶叶商品生产，出现了茶叶贸易市场。西汉宣帝时，蜀人王褒所写的《僮约》记载了蜀郡资中人王子渊规定僮仆的任务，其中就有"烹茶尽其，铺已盖藏"，"牵犬贩鹅，武阳买茶"。从资中到武阳（今彭山县双江镇）去买茶，这里可以说是中国历史上最早的茶叶市场。

茶的发展

秦朝以前

秦朝以前，生产和利用茶叶仅局限于巴蜀。这一阶段是指公元前206年以前，是中国发现和利用茶的初始阶段，陆羽的《茶经》中说"茶之为饮，发乎神农"，而神农时代是在公元前2737年以前，属于中国的原始社会时期，距今约有5000年。关于茶的文字记载，最早可追溯到《诗经》。《诗经》成书于春秋时代（前770至前476年）。关于《诗经》中的"荼"字是否指"茶"，一直存在争议。根据诸多文献记载，到了战国时期，蜀人对茶已是十分崇尚。

到了西周时代，朝廷祭祀时已经用到了茶。《周礼·掌茶》中说："掌茶，掌以时聚茶以供丧事"，"掌茶"是专设部门，其职责是及时收集茶叶以供朝廷祭祀之用。

自秦统一中国后，巴蜀一带，尤其是成都，很快成了殷富地区，也使这里成为中国早期茶叶发展的重要地区，并且影响了以后中国茶叶传播的路线和速度。

西汉三国时期

茶叶贸易初具规模时是在汉代。当时成都一带已成为中国最大的茶叶消费和集散中心。西汉时，茶业已由巴蜀传到湖北、湖南。从东汉到三国，茶业又进一步从荆楚传播到了长江下游的今安徽、浙江、江苏等地，并出现了有关制茶和茶的药理功能的记载。据各地方志等史料记载，东汉时已有"阳羡买茶"和汉王到茗岭"课童茶艺"之说。

诸葛亮雕像

中国西南地区有许多关于诸葛亮与茶的传说。滇南六大茶山及西双版纳南糯山有许多大茶树，被称为"孔明树"，相传是诸葛亮南征时所栽。

两晋南北朝时期

到了两晋南北朝时期，长江中下游地区迅速发展，中国茶文化已初见端倪。在这一阶段，随着封建社会的发展，中国茶叶的栽培区也逐渐扩大，茶叶成为商品在全国各地流通，并作为食料、药料、饮料和贡品、祭品等被广泛使用，饮茶之风在南方已成为一种时尚。这当然就促进了茶业的发展。

两晋时期不长，随着国家的短暂统一和政治、经济中心北移到洛阳，饮茶习俗也就随之传播到北方豪族。南方种茶的范围和规模也有了较大发展，长江中下游茶区逐渐发展起来。

隋 唐 时 期

隋朝历史不长，仅经历了38年，但却是茶以药用、局部消费、宫廷消费普及为社交饮料的转折点。这一时期，以江浙为中心，茶业日益繁荣，中国茶文化基本框架形成。据史料记载，隋文帝有脑病，是饮茶治好的，因此茶在隋朝时名声大震，饮茶在北方得以逐渐普及。随后隋炀帝修凿大运河，促进了南北方经济文化的交流，也为茶业的迅速发展创造了条件。

隋文帝画像

到了唐代茶业日益繁荣。中唐时期，是中国茶业的大发展时期。《封氏闻见论》反映了中唐时期茶叶消费的盛况，茶从南方传到中原，再从中原传向塞外的过程。唐文成公主远嫁西藏，带去了饮茶之风，茶传播到西藏，并与佛教进一步融合。西北少数民族在形成饮茶习俗后，还出现了与中原进行以茶换马的交易。

经济的发展、消费的普及，极大地推动了茶叶生产和茶文化的发展。唐朝时茶叶生产地遍及山南、淮南、浙西、剑南、浙东、黔中、江南、岭南八大茶区的43个州郡，已基本构成现代茶叶产区的框架，产销重心已转移到长江下游地区的浙江、江苏。各地植茶规模不断扩大，茶叶生产已趋专业经营。在浙江湖州还设立了历史上第一个专门采制宫廷用茶的贡焙院。

唐代作为中国古代茶业发展史上的又一座里程碑，其突出之处不仅在于茶叶产销的极大发展，而且还表现在茶文化的发展。到了唐代，中国开始有了“茶”字和茶书。“茶圣”陆羽于公元780年完成了世界上第一部茶叶专著《茶经》。

《茶经》是对中唐以前茶文化发展的总结和概括，它的问世，标志着中国的传统茶学得以建立，同时也标志着中国茶文化的基本框架已构建完成，这对推动中国茶业的发展具有巨大贡献。

宋元时期

宋代茶业发展很快，栽培面积比唐朝时增加了二至三倍，同时出现了专业户和官营茶园。在宋代茶叶生产规模进一步扩大，制茶技术更加精细，出现了专作贡茶的龙团凤饼（通称龙凤茶），和适用民间饮用的散茶、花茶。经营重心移至闽南、岭南一带，贡焙基地从唐朝时的顾诸移到了建安、建瓯一带的北苑，设立了北苑贡焙。消费层次扩展到街头巷尾、庶民百姓。

到了宋朝，茶不仅是“柴米油盐酱醋茶”之一，而且进入了“琴棋书画烟酒茶”的行列。社会上“汁茶”“茗论”及茶馆文化纷纷崛起，被誉为“盛世之消尚”。

宋代是茶文化由中间阶层向上下两头扩展的时期，在推动茶文化向各地区、各层面扩展方面有重要贡献，它使茶文化逐渐成为全民族的礼仪和风尚。

元代的茶业，基本沿袭宋制，惟不重茶马交易，而且团、饼茶进一步没落，散茶已成为主产茶类。元初，汉族的传统文化遭到冲击，茶文化也面临逆境，由于大多数蒙古人喜欢直接泡饮茶叶，使散茶大为流行。随着饮茶方法的简易化，元代茶文化出现了两种趋势：一是俗饮增多，二是重返自然。明清时期从总体上来说是中国古代茶业从兴盛走向衰落的时期，但这一时期的茶业仍取得了一些实质性的进展。散茶兴起，茶文化走向民间。

茶的传播

茶的国内传播

茶在国内的传播途径，有水陆两路。秦朝统一中国以后，巴蜀的封闭环境被打破，巴蜀的茶叶、茶种便顺着中国第一条大河——长江水系向东部和南部地区传播，饮茶风尚也在这一带逐渐流行。

考古发现展示了历史的斑痕，湖南长沙马王堆汉墓出土的文物中，一号墓（前160年）和三号墓（前65年）的随葬清册各有“一笥”和“笥”的竹简文、木牌文。“笥”是“槚”的异体字，即苦茶。

如前所述，湖南邻近赣、粤交界处，西汉时设置了一个“茶陵”县，《路史》引《衡州图经》载：“茶陵者，所谓山谷生茗茶也。”明清时期从总体上来说是中国古代茶业从兴盛走向衰落的时期，但这一时期的茶业仍取得了一些实质性的进展。散茶兴起，茶文化走向民间。

在明清时，台湾茶区得到开发，栽培面积、生产量曾一度达到历史最高水平。古代茶叶生产技术和传统茶学发展到一个新的高度，叶茶、芽茶一跃成为生产和消费的主要茶类。茶叶产品大量走出国门，销往世界各地，茶叶外贸机构得到了发展。但由于鸦片战争后，帝国主义列强的侵略压迫、社会动荡不安和全国经济、文化的萎靡不振，使中国的茶业逐渐走向衰落。

茶的国外传播

中国茶叶向域外传播也是源远流长。最早的域外传播发生在南朝齐武帝永明年间（483至493年），中国与土耳其边疆贸易时，就有了输出茶叶的记录。隋文帝开皇年间，茶叶开始向日本输出，唐顺宗永贞元年（805年），日本最澄禅师来我国浙江天台山国清寺研究佛学，回国时带回茶籽种植于日本贺滋县（即现在的池上茶园），并由此传播到日本的中部和南部。南宋孝宗乾道四年（1168年），日本荣西禅师两次来到中国，到过天台、四明、天童等地，宋孝宗赠他“千光法师”称号。荣西禅师不仅对佛学造诣颇深，对中国茶叶也很有研究，写有《吃茶养生记》一书，被日本人民尊为茶祖。南宋开庆年间，日本佛教高僧禅师来到浙江径山寺攻研佛学，回国时带去了径山寺的“茶道具”“茶台子”，并将径山寺的“茶宴”和“抹茶”制法传播到日本，启发和促进了日本茶道的兴起。

宋代已有阿拉伯人定居在福建泉州运销茶叶，明代郑和下西洋，茶叶也随着销售到东南亚和南部非洲各国。

欧洲人对中国茶叶的最早记载是《马可·波罗游记》，说：“秦国有一种植物，煮饮其叶片，而称为中国茶，被视为极珍贵的物品。”以后，1556年，葡萄牙天主教神父克罗兹来到中国，回国后用葡文写了茶事见闻。1559年，威尼斯作家拉马司沃的《中国茶》和《航海旅行记》，又介绍了有关茶叶知识。明代末期，公元1610年荷兰商船首先从澳门运茶到欧洲，打开了中国茶叶销往西方的大门。1636年传入巴黎，1650年传入伦敦，茶叶深受欧洲人喜爱，视为高级奢侈品，价格极昂贵。明万历四十六年（1618年）中国大使向俄国沙皇赠送少量茶叶，揭开了俄国的饮茶史。以后，俄国政府的商队逐渐从中国运输茶叶，规模越来越大，并从中国引进茶种，在外高加索等地建立茶树种植园。

1684年，印度尼西亚开始从我国移植茶树。1708年，东印度公司从广州带去广东、福建的茶籽，在不丹和加尔各答的植物园种植，开创了印度的茶树种植史。1841年，斯里兰卡开始在普塞拉华的咖啡园试种中国茶树，26年后，咖啡树遭受严重虫害，遂大量改种茶树，茶叶产业得到迅猛的发展。至于越南、泰国、缅甸等国，与我国茶叶原产地毗邻，饮茶与种茶的历史就更为悠久了。

洁性不可污，

为饮涤尘烦。

此物信灵味，

本自出山原。

聊因理郡余，

率尔植荒园。

喜随众草长，

得与幽人言。

韦应物《喜园中茶生》

制茶篇

凤辇寻春半醉回，仙娥进水御帘开。

牡丹花笑金钿动，传奏吴兴紫笋来。

制　　茶

如果你想探知中国制茶技术演进的全过程，在历代茶书中便可得到一套完整的概念。而遍观历代茶书，则首推陆羽的《茶经》。

古代制茶方法

在《茶经》中，把团茶的制造方法分为采、蒸、捣、拍、焙、穿、藏等七步骤。

采茶。茶叶的采摘约在二、三月间，若遇雨天或晴时多云的阴天都不采，一定等到晴天才可摘采，茶芽的选择，以茶树上端长得挺拔的嫩叶为佳。好品质的茶树多野生于奇岩峭壁上，为了采得佳茗，经常要跋山涉水，承受体力的劳累。那时又无采茶工人，茶师通常是自己背着茶笼上山采茶。

蒸茶。采回鲜叶放在木制或瓦制的甑（蒸笼）中，甑又放在釜上，釜中加水置于竈上，蒸笼内摆放一层竹皮做成的箪，茶菁平摊其上；蒸熟后将箪取出即可。

捣茶。茶菁既已蒸熟，趁其未凉前，尽速放入杵臼中捣烂，捣得愈细愈好，之后将茶泥倒入茶模，模一般为铁制，木模则较不常用，模子有圆、方或花形，因此团茶的形状有很多种。

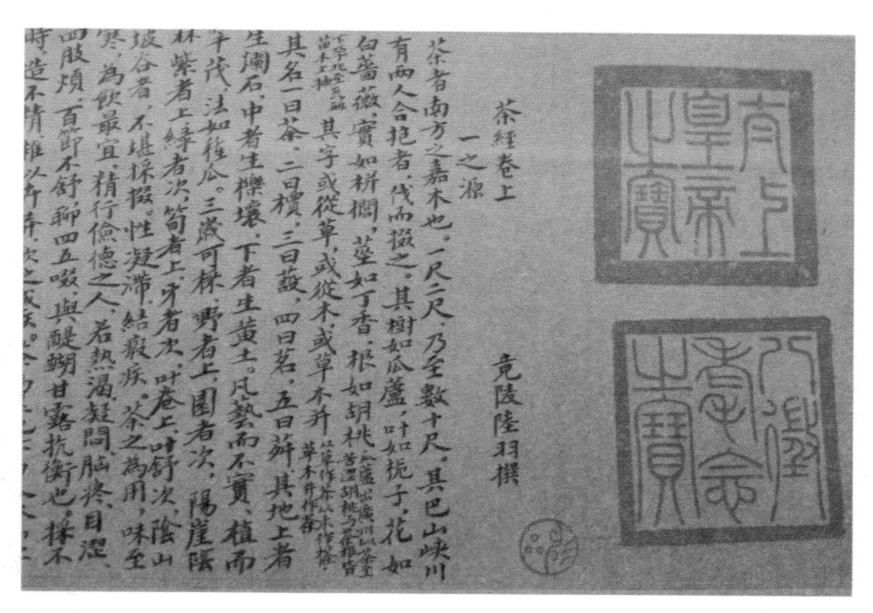
茶經卷上

一之源

竟陵陸羽撰

茶者，南方之嘉木也。一尺、二尺，乃至數十尺。其巴山峽川有兩人合抱者，伐而掇之。其樹如瓜蘆，叶如梔子，花如白薔薇，實如栟櫚，莖如丁香，根如胡桃。其字或從草，或從木，或草木并。其名一曰茶，二曰檟，三曰蔎，四曰茗，五曰荈。其地上者生爛石，中者生櫟壤，下者生黄土。凡藝而不實，植而罕茂，法如種瓜。三歲可採。野者上，園者次。陽崖陰林紫者上，緑者次；筍者上，牙者次；叶卷上，叶舒次。陰山坡谷者，不堪採掇。性凝滯，結瘕疾。茶之為用，味至寒，為飲最宜，精行儉德之人。若熱渴、凝悶、腦疼、目澀、四肢煩、百節不舒，聊四五啜，與醍醐甘露抗衡也。採不時，造不精，雜以卉莽

茶经

陆羽著茶经雕像

茶圣陆羽像

拍茶。茶模下置檐布（檐是褶文很细，表面光滑的绸布），檐下放石承（受台），承一半埋入土中，使模固定而不滑动。茶泥倾入模后须加以拍击，使其结构紧密坚实不留有缝隙，等茶完全凝固，拉起檐布即可轻易取出，然后更换下一批凝固的团茶，水分并未干燥，先置庄莉（竹篓）上透干。

焙茶。团茶水分若未干，易发霉，难以存藏，故须焙干以利收藏。掠干后的团茶，先用锥刀挖洞，再用竹扑将已干的茶穴打通，最后用一根细竹棒将一块块的团茶串起来，放在棚上焙干。焙炉掘地2尺深，宽2尺半，长1丈，上有低墙。焙茶的木架高1尺，分上、下二棚，半干的团茶放在下棚，全干燥后则移到上棚。

各种版本的《茶经》——中国传统茶学的建立是从《茶经》的问世开始的，《茶经》标志着中国茶文化的基本框架已构建完成。《茶经》对推动中国茶业的发展作出了非凡的贡献。《新唐书·隐逸传》中说："羽嗜茶，著经三篇，言茶之源、之法、之具尤备，天下益知饮茶矣。"宋人梅尧臣称"自从陆羽生人间，人间相学事新茶"。

穿茶。焙干的团茶分斤两贯串，如中国古代的铜钱中有圆孔或方孔，可用线贯穿成串，以便贮蓄或携带，团茶因中间有孔穴，故可穿成一串，较利于运销。江东削竹穿茶，江西则缝合树皮来穿茶。江东将一斤的团茶穿成一串为"上穿"，半斤为"中穿"，四、五两为"小穿"，江西则以120片团茶为"上穿"，80片为"中穿"，50片为"小穿"。

藏茶。团茶的贮藏是件重要的工作，若收藏不当则茶味将大受影响。青器是用来贮茶的工具，它以竹片编成，四周半糊上纸，中间设有埋藏热灰的装置，可常保温热，在梅雨季节时可燃烧加温，防止湿气霉坏团茶。

到了宋代时，较陆羽的制法又更精细，品质也更为提高，宋团茶制法是采、拣芽、蒸榨、研、造、过黄等七个步骤。

陆羽茶社

采茶。由于贡茶的大量需求，得训练一批采茶工担任采茶的工作，采茶要在天明前开工，至旭日东升后便不适宜再采，因为天明之前未受日照，茶芽肥厚滋润。如果受日照，则茶芽膏腴会被消耗，茶汤亦无鲜明的色泽。因此每于五更天方露白，则击鼓集合工人于茶山上，至辰时（约七点）鸣锣收工，这是为控制茶叶品质，怕有人为增斤两，摘取不合格的茶芽。采茶宜用指尖折断，若用手掌搓揉，茶芽易于受损。由此亦可见其制作态度的认真。

拣芽。茶工摘的茶芽品质并不十分齐一，故须挑拣，如茶芽有小芽、中芽、紫芽、白合、乌带等五种分别。形如小鹰爪者为“小芽”，芽先蒸熟，浸于水盆中只挑如针细的小蕊制茶者为“水芽”，水芽是芽中精品，小芽次之，中芽又下，紫芽、白合、乌带多不用。如能精选茶芽，茶之色、味必佳，因此拣芽对茶品质之高低有很大的影响，宋代对品质的注重更在唐人之上。

蒸茶。茶芽多少沾有灰尘，最好先用水洗涤清洁，等蒸笼的水滚沸，将茶芽置于甑中蒸。蒸茶须把握得宜，过热则色黄味淡，不熟则色青且易沉淀，又略带青草味。如何才能中庸适当，这大概和茶师的制茶经验与技术有很大的关系吧。

榨茶。蒸熟的茶芽谓“茶黄”，茶黄得淋水数次令其冷却，先置小榨床上榨去水分，再放大榨床上榨去油膏，榨膏前最好用布包裹起来，再用竹皮捆绑，然后放在榨床下挤压，半夜时取出搓揉，再放回榨床，这是翻榨，如此彻夜反复，必完全干透为止，如此茶味才能久远，滋味浓厚。其动作类似今之团揉，也许散茶的团揉即由此蜕变也未可知。

研茶。研茶的工具，用柯木为杵，以瓦盆为钵，茶经挤榨的过程，已干透没有水分了，因此研茶时每个团茶都得加水研磨，水是一杯一杯的加，同时也有一定的数量，品质愈高者加水愈多杯，如胜雪、白茶等加16杯水，每杯水都要等水干茶熟才可研磨，研磨愈多次茶质愈细，因此宋代可用茶末直接烹煮，茶末可连同汤一起饮用。除了小龙凤加水4杯，大龙凤2杯外，其他均加12杯水，研茶的工作得选择腕力强劲之人来做，但加12杯水以上的团茶，一天也只能研一团而已，可见其制作的费时及费事了，然其品质的精细也是唐代团茶所望尘莫及的。

造茶。研过的茶，最好手指戳荡看看，一定要全部研得均匀，揉起来觉得光滑，没有粗块才放入模中定型，模有方的、圆的、花形、大龙、小龙等，种类很多，达40余种之多，入模后随即平铺竹席上，等“过黄”最后这道手续了。

过黄。所谓“过黄”是干燥的意思，其程序是将团茶先用烈火烘焙，再从滚烫的沸水撂过，如此反复三次，最后再用温水烟焙一次，焙好又过汤出色，随即放在密闭的房中，以扇快速扇动，如此茶色才能光润，做完这个步骤，团茶的制作就完成了。

现代制茶方法

“茶的制造”并不是件简单的事，有人说“好茶可遇不可求”，对讲究品茗的人而言，也的确如此。

“天、地、人”三者是制茶最重要的条件，唯有三者充分配合，才可制出高品质的茶叶。所谓“天、地”是自然条件，天是“天时”，也就是气候，茶树性喜温暖多雾的天气，平均温度以15度到20度最为理想。地是“地利”，也就是土质，茶树生长的最佳场所是高岩峭壁，终年饱受云雾滋润，所以茶树一般都生长在山坡地。茶树是否能得“天时与地利”，对于成茶品质的好坏，有很大的影响。

天地的因素已配合完整了，再下来就是“人和”，所谓“人和”就是栽培技术与制茶技术。首先，茶叶“采摘的时机”也是决定品质的要素，至于摘下来的茶菁如何去制造，才能将茶的特色完全表现出来，那就要看茶师的技术了：比如萎凋的时间、发酵的程度、烘焙的次数与时间等，并不是一成不变的，必须根据经验与当时的情况来决定。这种制茶的技术，不是用文字或学理可以完全说清楚的，因为它是一门既灵活又深奥的学问。所以一个经验丰富的茶师，是相当难得的。

在机器未发明前，制茶的程序完全由人工来进行，因此产量并不多。但自从使用制茶机器以后，几乎每户自产自制的茶农们皆有完善的机械设备，因此，有些过程机械代替了人工，产量遂而大为提高，价钱也因此较适合一般家庭的消费。

尽管有自动化机械的代劳，但注重品质的高级茶，有些部分还是需用人力照顾，制茶的工作仍是相当的辛苦，尤其是半发酵茶的制造，除了要有精巧的技艺外，更要有绝大的耐心，因为从茶菁的处理到成茶，需9至15小时，任何过程都要小心谨慎，不得大意或掉以轻心，且制茶的工作，经常是在深夜进行，全家人彻夜不眠，每当夜深人静，万籁俱寂，人们都已入梦乡，但茶农们还辛苦地工作着，一直工作到天亮才入睡是常有的事，因此当人们细品茶味、陶醉在馥郁的茶香中时，千万别忘了茶农们制造时的艰辛。

成茶的种类很多，每种茶的制作过程虽不尽相同，然而也不是完全不一样。茶可分为全发酵、半发酵及不发酵三种。而其制造过程也可依此分为三大类，即红茶、绿茶、青茶（半发酵茶）等三组不同的制造程序。虽同属半发酵茶，其制法大同中还是有小异，例如乌龙茶与铁观音也不完全一样，而其差别只在炒菁以后焙干及团揉的次数不同而已。其细微差异处的分辨应是茶师的事情，一般人只要能大略了解其程序也就足够了。

李白像

尝闻玉泉山，
山洞多乳窟。
仙鼠白如鸦，
倒悬清溪月。

茗生此中石，

玉泉流不歇。

根柯洒芳津，

采服润肌骨。

李白《答族侄僧中孚赠玉泉仙人掌茶》节选

识茶篇

瑟瑟香尘瑟瑟泉，惊风骤雨起炉烟。

一瓯解却山中醉，便觉身轻欲上天。

识　　茶

茶在植物分类系统中，属被子植物门，双子叶植物纲，原始花被亚纲，山茶目，山茶科，山茶属。目前世界上50多个国家产茶，有160多个国家30多亿人口饮茶，世界年产茶叶大约在300万吨左右。

茶　　名

茶的命名

茶叶命名的方法很多。有的根据茶叶外形命名，如形似瓜子片的安徽六安“瓜片”，形似珍珠的浙江“珠茶”，形曲如螺的江苏苏州的“碧螺春”等。有的结合产地的山川名胜而命名，如浙江杭州的“西湖龙井”，江西的“庐山云雾”等。有的根据外形色泽或汤色命名，如绿茶、红茶、黄茶等。有的根据茶叶的香气、滋味的特点而命名，如具有兰花香的安徽舒城的“兰花茶”等。有的根据采摘时期和季节而命名。如清明节前采制的称“明前茶”，四至五月采制的称“春茶”，六至七月采制的称“夏茶”，八至十月采制的称“秋茶”，当年采制的称“新茶”等。有的根据加工工艺而命名，如用铁锅炒制成的叫“炒青”，用太阳晒干的叫“晒青”等。

有的根据包装的形式命名，如“袋泡茶”“罐装茶”等。有的按销路不同而区分，如国内销售的称“内销茶”，销往边疆的称“边销茶”，外销为主的称“外销茶”等。有的依照茶树品种的名称而定名，如“水仙”“大红袍”“奇种”等，这些既是茶叶名称，又是茶树品种名称。有的依产地不同而命名，如广东的“英德红茶”、余杭径山的“径山茶”等。有的果味茶、保健茶按茶叶添加的果汁、中药以及功效等命名、如“荔枝红茶”“菊花茶”“人参茶”“明目茶”等。

茶的名称

茶的别称

苦荼　亦作“苦搽”。古代蜀人茶的方言。《尔雅·释木·槚》：“槚，苦荼。”郭璞注：“树小如栀子，冬生叶，可煮作羹饮。今呼早采者为荼，晚取者为茗，一名荈，蜀人名之苦荼。”陆羽《茶经·七之事》引华佗《食论》：“苦荼久食益意思。”

荼　指“茶”的假借字或古体字。清代郝懿行《尔雅义疏》：“诸书说茶处，其字仍作荼，至唐陆羽著《茶经》，始减一画作茶。”清代顾炎武《唐韵正》：“荼荈之荼与苦菜之荼，本是一字。古时未分麻韵，荼荈字亦只读为徒。梁以下始有今音，又妄减一画为‘茶’字。”《说文解字》：“荼，古茶也，从艸，余声，同都切。”北宋徐铉等校曰：“此即今之茶字。”指早采的茶叶。

茗　指茶芽。《说文解字·艸部》：“茗，荼芽也。从草名声，莫迥切。”指晚收的茶叶。晋代郭璞《尔雅·释木·槚》注：“今呼早采者为荼，晚取者为茗。”指茶的别称。《魏王花木志》：“茶，叶似栀子，可煮可饮，其老叶谓之荈，嫩叶谓之茗。”指茶的嫩叶。

蔎 指茶的别称。古蜀西南方言。陆羽《茶经·一之源》：“茶者，南方之嘉木也。”“其名一曰茶，二曰槚，三曰蔎，四曰茗，五曰荈。”又《茶经·七之事》引扬雄《方言》：“蜀西南人谓茶曰蔎。”

荈 指茶的别称，常与茶或茗合称。参见“茶”。唐代陆德明《经典释文·尔雅音义》：“荈，尺兖反。荈、蔎、茗，其实一也。张揖《杂字》云：茗之别名也。”指老的茶叶。《太平御览》引《魏王花木志》：茶，叶似栀子，可煮为饮，“其老叶谓之荈，嫩叶谓之茗”。

茶荈复合茶名。晋代陈寿《三国志·吴书·韦曜传》：“密赐茶荈以当酒。”左思《娇女诗》：“心为茶荈剧，吹嘘对鼎蔎。”

水厄 魏晋时，北方人不习惯于饮茶者对茶的戏称。北魏杨衒之《洛阳伽蓝记》：“时给事中刘镐，慕王肃之风，专习茗饮。彭城王谓镐曰：‘卿不慕王侯八珍，好苍头水厄。’”《太平御览》卷八六七引《世说》：“晋司徒长史王濛好饮茶，人至辄命饮之。士大夫皆患之，每欲往候，必云：‘今日有水厄。’”

茗饮 指茶汤。三国魏张揖《广雅》：“荆巴间采叶作饼，叶老者，饼成以米膏出之。欲煮茗饮，先炙令赤色，捣末置瓷器中，以汤浇覆之。”北魏杨衒之《洛阳伽蓝记》：“菰稗为饭，茗饮作浆。”唐代杜甫《进艇》：“茗饮蔗浆携所有，瓷罂无谢玉为缸。”指以茶为饮料的简说。宋代苏轼《问大冶长老乞桃茶茶栽东坡》：“周诗记苦荼，茗饮出近世。”宋代陈渊《同魏李修雪中闲步》：“携手望春同茗饮，小坊灯火自相亲。”

杜甫铜像

苏轼画像

茗汁　茶汤。北魏杨衒之《洛阳伽蓝记》：“（王）肃初入国，不食羊肉及酪浆等物，常饭鲫鱼羹，渴饮茗汁。”

酪奴　茶汤的别称。南北朝时，北魏人不习惯饮茶，而好奶酪，戏称茶为酪奴，即酪浆的奴婢。北魏杨衒之《洛阳伽蓝记》：“（王）肃与高祖殿会，食羊肉酪粥甚多，高祖怪之，谓肃曰：‘卿中国之味也，羊肉何如鱼羹，茗饮何如酪浆？’肃对曰：‘羊者是陆产之最，鱼者乃水族之长，所好不同，并各称珍。常云：羊比齐鲁大邦，鱼比邾莒小国。唯茗不中，与酪作奴。’彭城王勰谓曰：‘卿明日顾我，为卿设邾莒之食，亦有酪奴。’”

花乳　茶汤别称。唐宋饮茶多将团饼研末煮泡，汤面浮沫渤如乳，隐现变幻如花。刘禹锡《西山兰若试茶歌》：“欲知茶乳清冷味，须是眠云跂石人。”

茶茗　茶汤。陆羽《茶经·七之事》引《夷陵州图经》：“黄牛、荆山等山，茶茗出焉。”引《茶陵图经》又云：“茶陵者，所谓陵谷生茶茗焉。”

涤烦子　茶的别称。因茶有去疲劳、除烦恼之效而得名。唐代施肩吾诗：“茶为涤烦子，酒为忘忧君。”

隽永　唐代时称呼煮茶时第一次煮泡出来的茶汤，以备增味和止沸，有时也直接用来奉客。陆羽《茶经·五之煮》：“第一煮水沸，而弃其沫之上有水膜如黑云母，饮之则其味不正。其第一者为隽永，或留熟水以贮之，以备育华救沸之用。”是书《六之饮》：若坐客数“六人已下，不约碗数，但阙一人而已，其隽永补所阙人”。

月团　团饼茶的喻称。唐宋时茶作团饼状，诗文中常以月喻其形。唐代卢仝《走笔谢孟谏议寄新茶》：“开缄宛见谏议面，手阅月团三百片。”宋代王禹偁《恩赐龙凤茶》：“香于九畹芳兰气，圆如三秋皓月轮。”宋代秦韬玉《采茶歌》：“太守怜才寄野人，山童碾破团圆月。”

甘露　茶的赞称。唐代陆羽《茶经·七之事》引《宋录》：“新安王子鸾、豫章王子尚，诣昙济道人于八公山。道人设茶茗，子尚味之曰：‘此甘露也，何言茶茗。’”

瑞草魁　唐人对茶的赞称。魁即第一之谓。唐代杜牧《题茶山》：“山实东吴秀，茶称瑞草魁。”

金饼　古代对团茶、饼茶的雅称。唐代皮日休《茶中杂咏·茶焙》：“初能燥金饼，渐见干琼液。”宋代黄儒《品茶要录》：“借使陆羽复起，阅其金饼，味其云腴，当爽然自失矣。”

嘉木　茶树的赞称。陆羽《茶经·一之源》：“茶者，南方之嘉木也。一尺、二尺乃至数十尺，其巴山、峡川，有两人合抱者，伐而掇之。”

檟　茶的古体字。唐代陆德明《经典释文·尔雅释文》：“茶，《埤仓》作檟。”《集韵》：“荼、檟、茶，茗也。一曰葭荼。”

茶旗　亦称“旗”。茶初展的叶芽。宋代叶梦得《避暑录话》：“其精者在嫩芽，取其初萌如雀舌者谓之枪，稍敷而为叶者谓之旗。”唐代皮日休《奉贺鲁望秋日遣怀次韵》：“茶旗经雨展，石笋带云尖。”宋代赵佶《大观茶论》：“茶旗，乃叶之方敷者，叶味苦。旗过老则初虽留舌，而饮彻反甘矣。”

茶枪　亦称“枪”。未展的茶嫩芽。唐代陆龟蒙《奉酬袭美先辈吴中苦雨一百韵》：“酒帜风外攲，茶枪露中撷。”自注：“茶萼未展者曰枪，已展者为旗。”宋代赵佶《大观茶论》：“茶枪，乃条之始萌者，木性酸，枪过长则初甘重而终微涩。”参见“茶旗”。

草中英　茶的赞称。五代郑遨《茶诗》：“嫩芽香且灵，吾谓草中英。夜臼和烟捣，寒炉对雪烹。惟忧碧粉散，常见绿花生。最是堪珍重，能令睡思清。”

苦口师　茶的别称。宋代陶穀《清异录》：“皮光业最耽茗事。

一日，中表请尝新柑，筵具殊丰，簪绂丛集。才至，未顾尊罍，呼茶甚急。径进一巨瓯，题诗曰：‘未见甘心氏，先迎苦口师。’众噱曰：‘此师固清高，难以疗饥也。’”皮光业，五代人，晚唐诗人皮日休之子。

蝉翼　古代茶名，产自蜀州（今四川一带）。为极薄嫩茶叶新制上好散茶。因叶嫩薄如蝉翼而得名。五代蜀人毛文锡《茶谱》：“蜀州蝉翼者，其叶嫩薄如蝉翼也，皆散茶之最上也。”明代张谦德《茶经》上篇论茶：“蜀州之雀舌、鸟嘴、片甲、蝉翼，其名皆著。”

片甲　古代茶名，产于蜀州（今四川一带）的散茶。茶嫩而薄的芽叶制成，成茶因薄嫩芽叶相抱如片甲而得名。品质上乘。五代蜀人毛文锡《茶谱》：“又有片甲者，即是早春黄茶，芽叶相抱如片甲也。皆散茶之最上也。”

鸟嘴　古代蒸青散茶名，产于今四川一带。该茶采摘嫩芽制成，因其形似鸟嘴而得名。品质为蒸青散茶之上等。五代蜀人毛文锡《茶谱》：“蜀州其横源雀舌、鸟觜(嘴)、麦颗，盖取其嫩芽所造。以其芽似之也。皆散茶之上也。”

麦颗　古代蒸青散茶名，产自今四川一带。为嫩芽所制。因其细嫩纤小形似麦颗而得名。五代蜀人毛文锡《茶谱》：“蜀州其横源雀舌、鸟觜（嘴）、麦颗，盖取其嫩芽所造。以其芽似之也。”宋代赵佶《大观茶论》：“凡芽如雀舌、谷粒者为斗品（品质最好）。”北宋沈括《梦溪笔淡》卷二十四杂志一：“茶芽，古人谓之雀舌、麦颗，言其至嫩也。”

泸茶　古茶名。泸州（今四川泸州市）产的茶通称。五代蜀人毛文锡《茶谱》：“泸州之茶树，每登树采摘芽茶，心含于口，待其展，然后置于瓢中，旋塞其窍（很快将瓢口塞上）。比归，必置于暖处。其味极佳。又有粗者，其味辛性熟，彼人云，饮之疗风。通呼为泸茶。”清代赵学敏《本草纲目拾遗》：“泸茶，《四川通志》：泸州出。通呼为泸茶。”

斗　指茶名。宋代黄儒《品茶要录》：“茶之精绝者曰斗曰亚斗。”指制茶工业。有些地方，茶事起于惊蛰前，“其采芽如鹰爪。初造曰试焙，又曰一火；次日二火。因称其造一火曰斗，二火曰亚斗。”

水豹囊　茶的别称。宋代陶榖《清异录》卷四《茗荈》：“豹革为囊，风神呼吸之具也。煮茶啜之，可以涤滞思而起清风。每引此义，称茶为水豹囊。”

不夜侯　茶的别称。宋代陶榖《清异录》卷四《茗荈》引胡峤《飞龙涧饮茶》诗曰：“沾牙旧姓余甘氏，破睡当封不夜侯。”

余甘氏　茶的别称。参见“不夜侯”。

江茶　宋代对江南诸路茶的统称。南宋李心传《建炎以来朝野杂记》载：“江茶在东南草茶内，最为上品，岁产一百四十六万斤。其茶行于东南诸路，士大夫贵之。”

冷面草　茶的别称。宋代陶榖《清异录》：“符昭远不喜茶，尝为御史，同列会茶，叹曰：‘此物面目严冷，了无和美之态，可谓冷面草也。饭余嚼佛眼芎，以甘菊汤送之，亦可爽神。’”

苍璧　亦称“苍龙璧”。宋代“龙团”贡茶的别称。宋代黄庭坚

《谢送碾赐壑源拣芽》：“矞云从龙小苍璧，元丰至今人未识。壑源包贡第一春，细奁碾香供玉食。”《谢公择舅分赐茶》：“外家新赐苍龙璧，北焙风烟天上来。明口蓬山破寒月，先甘和梦听春雷。”

黄庭坚

香乳　茶汤的赞称。唐宋人饮茶以茶汤沫多为佳，沫白如乳。宋代杨万里《谢傅尚书惠茶启》：“远饷新茗，当自携大瓢，走汲溪泉，束涧底之散薪，燃折脚之石鼎，烹玉尘，啜香乳，以享天上故人之意。”

茶水指“茶汤”。宋代吴自牧《梦粱录·茶肆》：“又有一等街司衙兵百司人，以茶水点送门面铺席，乞觅钱物，谓之龊茶。”宋末元初周密《武林旧事·诸市》：凉水有“甘豆汤、椰子酒……茶水、沈香水、荔枝膏水”。

森伯　茶的别称。宋代陶穀《清异录》：“汤悦有《森伯颂》，盖茶也。方饮而森然严乎齿牙，既久四肢森然。二义一名，非熟夫汤瓯境界者，谁能目之。”

粉枪　有白茸的茶芽。茶芽初期，尖挺如枪；并带白毫，故名。宋代叶清臣《述煮茶小品》：“粉枪牙旗，苏兰薪桂，且鼎且缶，以饮以啜，莫不沦气涤虑，蠲病析醒，祛鄙吝之生心，招神明而达观。”

清人树　茶的别称。宋代陶穀《清异录》：“伪闽甘露堂前两株茶，郁茂婆娑。宫人呼为清人树。每春初，嫔嫱戏摘采新芽，堂中设倾筐会。”

酪苍头　茶的别称。宋代杨伯岩《臆乘·茶名》：“主岂可为酪苍头，便应代酒从事。”参见“酪奴”。苍头，古代私家所属的奴隶。

漏影春　指古代特制茶名。以茶为主，加以其他果物，堆塑成花卉形。宋代陶谷《清异录·荈茗》：“漏影春，法用镂纸贴盏，糁茶而去纸，伪为花身别以荔肉为叶，松实、鸭脚之类珍物为蕊，沸汤点搅。”

凌霄芽　茶的别称。元代杨维桢《煮茶梦记》：“铁龙道人卧石床，移二更，月微明及纸帐。梅影亦及半窗，鹤孤立不鸣。命小芸童汲白莲泉燃槁湘竹，授以凌霄芽为饮供。道人乃游心太虚……白云微消，绿衣化烟，月反明予内间，予亦悟矣。遂冥神合元，月光尚隐隐于梅花间，小芸呼曰：‘凌霄芽熟矣。’”

葭萌　茶的别称。明代杨慎《郡国外夷考》：“《汉志》：‘葭萌，蜀郡名。’萌，音芒。《方言》：‘蜀人谓茶曰葭萌，盖以茶氏郡也。’”

葭茶　茶的古称。

芽以　少数民族对茶的称呼。清代陆廷灿《续茶经》载：“《百夷语》：‘茶曰芽以；粗茶曰芽以结；细茶曰茶以完。’”

茶生　茶的别称。即茶鲜叶。广东方言。清代屈大均《广东新语》："珠江之南，有三十三棵，谓之河南。其土沃面人勤，多业艺茶。春深时，每晨茶枯涉珠江以鬻于城，是曰河南茶。好是者或就买茶生自制。叶初摘者曰茶生。"

离乡草　茶叶的俗称。清道光末年，粤商在荆莞一带大量收购红茶外销，因此四山俱种茶，山民借以为业。所制均采嫩叶在暴日中揉捻，不用火炒，雨天用炭烘干。茶商以枫柳木作箱，外封以印，题上嘉名。同治《崇阳县志》："茶出出则香，俗呼离乡草。"

渲草　茶的别称。中原方言。清代陆廷灿《续茶经》："《中原市语》：茶曰渲老。"

老婆茶　旧时浙江茶叶俗名。流传于宁波一带，指立夏节采制的茶。清光绪《鄞县志·岁时》："清明后，近山妇女结伴采茶，以谷雨前所采曰雨茶，以立夏节所采曰老婆茶。"

茗柯　茶树枝干。文学著作中比喻语言简短，文风朴实。南朝宋刘义庆《世说新语·赏誉》："简文云：刘尹（刘惔）茗柯有实理。"注曰："谓如茗之枝柯虽小，中有实理，非外博而中虚也。"

茶的分类

中国茶类划分有多种方法。有的根据制作方法不同和品质上的差异，将茶叶分为绿茶、红茶、乌龙茶（青茶）、白茶、黄茶、黑茶六大类；有的根据我国出口茶的类别将茶叶分为绿茶、红茶、乌龙茶、白茶、花茶、紧压茶和速溶茶七大类；有的根据我国茶叶加工分为初、精制两个阶段的实际情况，将茶叶分为毛茶和成品茶。

将上述几种分类方法综合起来，中国茶叶可分为基本茶类和再加工茶类两大类。

在六大基本茶类中，绿茶又分为炒青、烘青、晒青、蒸青；红茶分为工夫红茶、小种红茶、红碎茶三种。乌龙茶分为闽南乌龙、闽北乌龙、广东乌龙、台湾乌龙；白茶分为白芽茶、白叶茶；黄茶分为黄芽茶、黄小茶、黄大茶；黑茶分为湖南黑茶、湖北老青茶、四川边茶、滇桂黑茶等。

在再加工茶类中又分为花茶、紧压茶、萃取茶、果味茶、药用保健茶、含茶饮料。其中，花茶又分为茉莉花茶、珠兰花茶、玫瑰花茶、桂花茶等；紧压茶分为黑砖、茯砖、方茶、饼茶等；萃取茶分为速溶茶、浓缩茶；果味茶分为荔枝红茶、柠檬红茶等；含茶饮料有茶可乐、茶汽水等。此外还有“有机茶”和“非茶之茶”。

有机茶产品是最新发展起来的，距今大约有7至10年的时间。有机茶的栽培规则极其复杂且须严格控制，所有的肥料、杀虫剂、除虫剂必须绝对不含化学药品，必须完全依靠如粪肥、堆肥、天然有机物、能提供必要营养的植物和树、地被物等物质。有机种植园的目的是为了保证土壤肥沃和生产力的长期稳定，保护生态环境，创造一定形式的有机系统，用于生产完全没有化学药品、经济上可行的茶叶。

“非茶之茶”人们习惯上把与茶一样泡饮的植物叶或经过加工的茎、叶都称为“茶”，其实它们与茶是完全不同的植物种属，没有一点亲缘关系，如人参茶、杜仲茶、绞股兰茶、菊花茶、桑芽茶、金银花茶、桂花茶、胖大海茶等。这些非茶制品称为“非茶之茶”，可分为两类：一类是具有保健作用的保健茶，也叫药茶，是以植物茎叶或花作主体，再与少量的茶叶或其他调料配制而成，如绞股兰茶；另一类是当零售消闲的点心茶，如青豆茶、锅巴茶等。

名　　茶

名茶名目

名茶是指有一定知名度的优质茶。通常具有独特的外形和优异的色香味品质。由历代产生发展而形成的名茶称“历史名茶”；现代新创制的名茶称“新创名茶”；各产茶地区生产的名茶称“地方名茶”；经过省、自治区一级组织评审认可的名茶称“省级名茶”；经过国家部委一级组织评审认可的名茶称“国优名茶”。各产茶地生产的名茶和优质茶统称“名优茶”，其形成往往有一定的历史渊源或一定的人文地理条件，如有风景名胜、优越的自然条件和生态环境等外界因素，同时还与茶树品种优良、后期管理较好且有一定的采制、品质标准有关。

江苏名茶　江苏省出产的名茶和优质茶。唐代已有阳羡紫笋、润州茶、洞庭山茶、蜀冈茶等。至20世纪90年代，全省传统名茶和新创名优茶已达30余种，有绿茶、红茶、花茶等多种茶类。著名的有：洞庭碧螺春、南京雨花茶、茅山青锋、阳羡雪芽、无锡毫茶、金山翠芽、金坛雀舌、荆溪云片、南山寿眉、前峰雪莲、茅山长青、银芽茶、扬州绿杨春、水西翠柏、太湖翠竹、苏州茉莉花茶和宜兴红茶等。

洞庭碧螺春

浙江名茶　浙江省出产的名茶和优质茶。唐代已有顾渚紫笋、径山茶、鸠坑茶、婺州方茶、举岩茶、东白茶、剡溪茶、灵隐茶、天目茶、明州茶等。至20世纪90年代，全省传统名茶和新创名优茶已达70余种，有绿茶、红茶、黄茶、花茶、白茶等多种茶类。著名的有：西湖龙井、顾渚紫笋、金奖惠明、浦江春毫、银猴、天目青顶、雁荡毛峰、开化龙顶、径山茶、江郎缘牡丹、鸠坑毛尖、莫干黄芽、东白春芽、天尊贡茶、华顶云雾、普陀佛茶、双龙银针、建德苞茶、谷雨春、平阳黄汤、婺州举岩、千岛玉叶、望府银毫、泉岗辉白、越红和九曲红梅等。

安徽名茶　安徽省出产的名茶和优质茶。唐代就有寿州黄芽、六安茶、小岘春、天柱茶、庐州茶、雅山茶、九华山茶、新安含膏、歙州方茶等生产。至20世纪90年代，全省传统名茶和新创名优茶达100余种，有绿茶、红茶、黄茶、花茶等多种茶类。著名的有：屯绿、黄山毛峰、祁红、休宁松萝、顶谷大方、紫霞贡茶、太平猴魁、警亭绿雪、瑞草魁、黄花云尖、涌溪火青、泾县特尖、九华毛峰、侧寓雾毫、天华谷尖、桐城小花、舒城兰花、霍山翠芽、六安瓜片、齐山名片和菊花茶等。

福建名茶　福建省出产的名茶和优质茶。唐代就有蜡面茶、建州研膏茶、方山露芽、柏岩芽、小江园、唐茶、福州正黄茶等生产。建州（今建瓯市）是宋代贡茶的主产地，出产龙团、凤饼等40多种北苑贡茶，武夷山的武夷茶也很著名。至20世纪90年代，全省传统名茶和新创名茶已达60余种，有乌龙茶、绿茶、白茶、红茶和花茶等多种茶类。著名的有：武夷岩茶、大红袍、闽北水仙、安溪铁观音、黄金桂、永春佛手、八仙茶、八角亭龙须茶、小种红茶、闽红工夫、福建茉莉花茶、天山绿茶、七境堂绿茶、石亭绿、顶峰毫、雪山毛尖、福云曲毫、银针白毫、白牡丹和贡眉等。

江西名茶　江西省出产的名茶和优质茶。唐代就有吉州茶、庐山茶、鄱阳浮梁茶、界桥茶、西山鹤岭茶、西山白露茶等。至20世纪90年代，全省传统名茶和新创名优茶已达50余种，有绿茶、红茶、乌龙茶等多种茶类。著名的有：庐山云雾、狗牯脑、婺绿、婺源茗眉、上饶白眉、梁渡银针、麻姑茶、双井绿、灵岩剑峰、宁红、前岭银毫、大鄣山云雾茶、黄檗茶、井冈碧玉、婺源墨菊、靖安悲翠

武夷岩茶大红袍

大红袍树

和万龙松针等。

山东名茶 山东省出产的名茶和优质茶。清代已有莱阳茶、云芝茶。至20世纪90年代，全省名优茶已有10余种，主要是绿茶。著名的有：碧芽、日照雪青、卧龙剑、海青毛峰、浮来青、莲山翠芽、玉山茗茶、雪芽、碧绿、雪毫和凤眉等。

河南名茶 河南省出产的名茶和优质茶。唐代就有光山茶、义阳茶，宋代有信阳茶、浅山薄侧茶、东首茶。至20世纪90年代，全省传统名茶和新创名茶达20余种，主要是绿茶类。著名的有：信阳毛尖、太白银毫、仰天雪绿、金刚碧绿、香山翠峰、仙洞云雾、灵山剑峰、杏山竹叶青、震雷剑毫、龙眼玉叶、赛山毛峰和粉壁剑毫等。

湖北名茶 湖北省出产的名茶和优质茶。唐代就有蕲门团典、黄冈茶、鄂州团黄施州方茶、归州白茶、碧涧茶、明月茶、楠木茶、仙人掌茶等。至20世纪90年代，全省传统名茶和新创名优茶已达70余种，有绿茶、红茶、黑茶、黄茶、花茶等多种茶类。著名的有：仙人掌茶、恩施玉露、远安鹿苑、车云山毛尖、峡州碧峰、邓村云雾、江夏碧舫、松滋碧涧、神农奇峰、株山银峰、西厢碧玉簪、天台翠峰、双桥毛尖、昭君毛尖、青龙雀舌、娘娘寨云雾、长阳茗峰、宜红工夫、青砖茶和米砖茶等。

湖南名茶 湖南省出产的名茶和优质茶。唐代已有碣滩茶、麓山茶、渠江薄片、衡山团饼、岳阳含膏、岳州黄翎毛等。至20世纪90年代，全省传统名茶和新创名茶已达60余种，有绿茶、红茶、黑茶、黄茶、花茶等多种茶类。著名的有：君山银针、北港毛尖、古丈毛尖、碣滩茶、江华毛尖、五盖山米茶、高桥银峰、安化松针、洞庭春芽、石门牛抵茶、东湖银毫、桃江竹叶、狮口银芽、古洞春芽、石门银峰、黑砖茶和褐砖茶等。

广东名茶　广东省出产的名茶和优质茶。唐代有罗浮茶、岭南茶、韶州生黄茶、西乡研膏茶、西樵茶。至20世纪90年代，全省传统名茶和新创名茶已达40余种，有绿茶、红茶、乌龙茶、白茶、黄茶、黑茶、花茶、保健茶等多种茶类。著名的有：凤凰单丛、岭头单丛、凤凰水仙、石古坪乌龙、饶平色种、大叶奇兰、古劳茶、乐昌白毛茶、广北银尖、仁化银毫、英德红茶、荔枝红茶、玫瑰红茶、菊花普洱茶、广州茉莉花茶和品常春健体乌龙茶等。

广西名茶　广西壮族自治区出产的名茶和优质茶。唐代就有吕仙茶、象州茶、容州竹茶。至20世纪90年代，全区传统名茶和新创名优茶已达30余种，有红茶、绿茶、黑茶、花茶等多种茶类。著名的有：广西红碎茶、六堡茶、西山茶、凌云白毛茶、覃塘毛尖、漓江银针、白牛茶、龙脊茶、双凤茶、修仁茶、广西茉莉花茶、桂花茶、桂林毛尖、屯巴茶、南山白毛茶和龙山绿茶等。

海南名茶　海南省出产的名茶和优质茶。明代就有琼山芽茶和叶茶。至20世纪90年代，全省传统名茶和新创名茶有10余种，有红茶、绿茶等多种茶类。著名的有：海南红碎茶、海南ＣＴＣ红碎茶、白沙绿茶、五指山仙毫、金鼎龙井、龙岭奇兰、春兰、海南大白毫、龙岭毛尖和白马岭茶等。

重庆名茶　重庆市出产的名茶和优质茶。唐代已有真香茶、都濡高枝、茶岭茶、多陵茶白马茶、宾化茶、三般茶、龙珠茶、水南茶、狼猱山茶等。至20世纪90年代，全市传统名茶和新创名优茶达10余种，有红茶、绿茶、花茶等多种茶类。著名的有：巴山银芽、缙云毛峰、永川秀芽、渝州碧春和重庆沱茶等。

四川名茶 四川省出产的名茶和优质茶。唐代已有蒙顶茶、鹰嘴芽白茶、赵坡茶、纳溪梅岭茶、昌明兽目、神泉小团、彭州石花、峨眉白芽茶、青城山茶、名山茶、思安茶、蝉翼、片甲、雀舌等。至20世纪90年代，全省传统名茶和新创名优茶达50余种，有绿茶、红茶、黑茶、花茶等多种茶类。著名的有：蒙顶黄芽、蒙顶石花、峨眉毛峰、竹叶青、青城雪芽、文君绿茶、龙都香茗、龙湖翠、风羽茶、松茗茶、岚翠御茗、峡山雨露、仙峰秀芽、九顶翠芽和成都茉莉花茶等。

贵州名茶 贵州省出产的名茶和优质茶。唐代就有夷州茶、贵州茶、思州茶、播州生黄茶。至20世纪90年代，全省传统名茶和新创名优茶已达20余种，有绿茶、红茶、花茶等多种茶类。著名的有：都匀毛尖、遵义毛峰、羊艾毛峰、湄江翠片、梵净翠峰、贵定云雾、黔江银钩、梵净雪峰、龙泉剑茗、东坡毛尖、古钱茶、松桃翠芽和团龙贡茶等。

云南名茶 云南省出产的名茶和优质茶。唐代已有普茶（即普洱茶）。至20世纪90年代，全省传统名茶和新创名优茶达50余种，有红茶、绿茶、黑茶等多种茶类。著名的有：滇红工夫、云南红碎茶、普洱茶、云南沱茶、云海白毫、绿春玛玉茶、宜良宝洪茶、墨江云针、昆明十里香、牟定化佛茶和南糯白毫等。

陕西名茶 陕西省出产的名茶和优质茶。唐代已有金州芽茶、

普洱茶饼

普洱茶茶山

梁州茶；宋代有紫阳茶、西乡团茶、城固团茶等生产。至20世纪90年代，全省传统名茶和新创名茶已达20余种，主要是绿茶。著名的有：紫阳毛尖、紫阳翠峰、秦巴雾毫、安康银峰、巴山芙蓉、八仙云雾、城固银毫、定军茗眉、汉水银梭、金牛早、商南泉茗、午子仙毫、宁强雀舌、瀛湖仙茗、秦绿和陕青等。

台湾特色茶 台湾省出产的具有地方特色的茶类。

台湾产茶技艺由福建传入，清代就有水沙连茶、港口茶、罗佛山茶、冻顶茶、木栅铁观音等。至20世纪90年代，台湾传统的特色茶已达30余种，有乌龙茶、红茶、绿茶、花茶等多种茶类，主要是乌龙茶。著名的有：文山包种茶、冻顶乌龙茶、木栅铁观音、松柏长青茶、玉山乌龙茶、竹山金萱、阿里山珠露茶、港口茶、明德茶、白毫乌龙、海山龙井茶、日月红茶、鹤冈红茶和台湾香片等。

乌龙茶

部分名茶特点

西湖龙井　西湖龙井茶产于杭州西湖附近的狮峰山、梅家坞、翁家山、云栖、虎跑和灵隐一带，那里峰峦峻秀，云雾缭绕，山泉淙淙。龙井茶色泽翠绿，外形扁平光滑，形似“碗钉”，汤色碧绿明亮，香馥如兰，滋味甘醇鲜爽，向有“色绿、香郁、味醇，形美”的美称。

碧螺春　碧螺春产于江苏吴县太湖之滨洞庭东山的碧螺峰。太湖之滨的气候温和湿润，为茶叶生产提供了得天独厚的优越条件。碧螺春以其条索纤细、卷曲成螺、茸毛披露、白毫隐翠、清音幽雅、浓郁甘醇、鲜爽甜润、加味绵长的独特风格而誉满中外。

君山银针　君山银针产在洞庭湖中的青螺岛。君山银针属黄茶类，为轻发酵茶。基本工艺近似于绿茶的制作。但在制作过程中加焖黄工序，具有黄汤黄叶的特点。君山银针属芽茶，其芽头肥壮，紧实挺直，芽身金黄，满披白毫，汤色橙黄明净，香气清纯，滋味甜爽，叶底嫩黄匀亮。

黄山毛峰　黄山毛峰是清代光绪年间谢裕泰茶庄所创制。黄山毛峰主要产在安徽黄山，这里山高谷深，峰峦叠翠，溪涧遍布，森林茂密，气候温和，雨量充沛，土壤肥沃，优越的生态环境为黄山毛峰的自然品质风格的形成创造了极其良好的条件。其特点是形似雀舌，匀齐壮实，峰显毫露，色如象牙；内质清香高长，汤色清澈，滋味鲜浓、醇厚、甘甜；叶底嫩黄，肥壮成朵。

六安瓜片　六安瓜片的产地主要是在安徽的金寨、六安、霍山三县。六安瓜片历史悠久，早在唐代，书中就有记载。茶叶称之为

安徽黄山

“瓜片”，是因为其叶状好像硕大的瓜籽，其特点是色泽翠绿，香气清高，味道甘鲜。六安瓜片历来被当作礼茶来款待贵客嘉宾。

敬亭绿雪　敬亭绿雪茶产自安徽宣城敬亭山，历史悠久，品味独特，为绿茶中的珍品。明清时期曾列为贡茶。敬亭绿雪以其优越的生态环境和精湛的制茶工艺，形成了它所具有优异的内在品质。敬亭山区，岩谷幽深，山石重叠，云蒸蔚，日照短，温射光多，气候温和湿润，茶园多分布于山坞之中，竹木荫浓，阳光遮蔽，乌沙土肥沃疏松，茶树枝条生长繁茂，芽叶肥壮鲜嫩。敬亭绿雪的特点是外形色泽翠绿，全身白毫似雪，形如雀舌，挺直饱润，芽叶相合，不离不脱，朵朵匀净，宛如兰花，汤色清碧，叶底细嫩，回味爽口，香郁甘甜，连续冲泡两三次香味不减。

金奖惠明茶　金奖惠明，又称云和惠明、景宁惠明，简称惠明茶。因1915年在巴拿马万国博览会上荣获一等奖证书与金质奖章而名声大振。惠明茶产于浙江省景宁畲族自治县红垦区赤木山的惠明村与惠明寺周围。产茶区一带气候温和湿润，年均降水量1886毫米，全年无霜期达268天，土壤以酸性沙质黄壤和香灰土为主，土质肥沃，山上林木葱茏，常年云雾弥漫，所产的茶叶品质优越。惠明成茶条索紧密壮实，颗粒饱满，色泽翠绿光润，全芽披露，茶味鲜爽甘醇，带有兰花之香气，汤色清澈明绿。

太平猴魁　太平猴魁产于安徽省黄山市黄山区新明乡的猴坑、猴岗及颜村三地。太平猴魁始创于清光绪年间，1915年巴拿马万国博览会上获一等金质奖章及奖状。太平猴魁的特点是成品茶挺直，两端略尖，扁平匀整，肥厚壮实，全身白毫，茂盛而不显，含而不露，色泽苍绿，叶主脉呈猪肝色，宛如橄榄；入杯冲泡，芽叶徐徐展开，舒放成朵，两叶抱一芽，或悬或沉；茶汤清绿，香气高爽，蕴有诱人的兰香，味醇爽口。

茶叶的特点及种类

红　茶

红茶的特点是红叶红汤，是经过发酵后形成的品质特征，干叶色泽乌润，滋味醇和甘浓，汤色红亮鲜明。红茶有：工夫红茶、红碎茶、小种红茶三种。著名的红茶有：祁红、宁红、滇红等。

祁门红茶

乌 龙 茶

乌龙茶属半发酵茶，色泽青褐如铁，也称为青茶。典型的乌龙茶的叶体中间呈绿边，边缘呈红色，素有“绿叶红镶边”的美称。汤色清澈金黄，有天然花香，滋味浓醇鲜爽，其代表品种有铁观音、大红袍、台湾的冻顶乌龙。

白　　茶

白茶常选用茶叶上的白茸毛多的品种制成。成品白茶满披白毫，形态自然，汤色黄亮明净，滋味鲜醇，其代表有银针、白毫、寿眉、白特丹。

黄　　茶

黄茶的特点黄叶黄汤，香气清悦，滋味醇厚。如君山银针，其芽叶茸毛披身，金黄明亮，也称金镶玉，汤色杏黄明澈，其代表品种有四川的蒙顶黄芽、霍山黄芽。

黑　　茶

黑茶的特点是叶色油黑凝重，汤色橙黄，叶底黄褐，香味醇厚。黑茶主要压制成紧压茶，供给边区少数民族饮用。

花　　茶

花茶是以绿茶中的烘青、红茶等为原料，用茶叶和香花进行拼和窨制而成，使茶叶吸收花香而制成。主要有茉莉花茶、玳玳花茶、珠兰花茶、玫瑰花茶，花茶是我国北方地区特别适销的一种茶叶。

花茶

茶的鉴别与贮存

鉴 别 名 茶

茶叶品质优劣，从色、香、味、形、叶底五个方面来衡量，其中茶的香气、滋味是茶品质的核心。但茶叶作为商品，选购则主要从外形、色泽来判断。什么是影响茶叶品质形成的因素呢？茶叶品质主要由茶产地的自然条件（包括地理经纬度、土壤、温度、湿度、光照等）、茶树品种、茶园管理、鲜叶的采摘季节、采摘要求、制作工艺等因素决定。

如何选购茶叶？首先应确定欲购什么茶类的茶叶及其等级或价格。之后，可以根据以下三条标准来选购茶叶。

辨型　因茶树品种、栽培条件、鲜叶品质、制茶工艺等不同，形成不同的形状。大体上可分为条形、卷曲形、圆珠形、扁形、针形、尖形、花朵形、束形、颗粒形、片形、雀舌形、环钩形、团块形、螺钉形及粉末形等。

观色　茶叶色泽是茶叶品质的体现。绿色的鲜叶因加工方法不同，制成绿茶、红茶、乌龙茶（青茶）、黄茶、白茶、黑茶等各种不同的茶类。不同茶类对色泽有不同的要求，但当年的高档茶叶一般具有一定的光泽。

嗅香　一般，绿茶以清新鲜爽，红茶以强烈纯正，花茶以清香扑鼻，乌龙茶以馥郁清幽为好。如果茶香低而沉，带焦、烟（属正常的松烟香型品种除外）、酸、霉、陈气味，或青草气味或有其他异味者，为次品或非纯正之茶。

例如鉴别西湖龙井和浙江龙井。西湖龙井芽叶节间短，扁体宽，糙米色，无毫球，汤色浅绿明亮，回味醇厚，兰香持久。浙江龙井则芽叶节间较长，扁体较窄，色绿油润，芽锋显毫，汤色较浑，香气较清淡。

较好地掌握茶叶选购的方法，需要经一定的训练，初学者可以对照下列几条，较简单地选购茶叶。一是茶叶的轻重，一般，嫩度好的茶，品质较好，分量较重；二是看茶叶是否均匀，包括色泽是否均匀、大小是否均匀，色泽不均、大小不均的茶是经掺和的；三是看干燥程度，这关系到茶叶是否受潮变质和日后如何保存的问题。如用手一捏即成粉末状的是未受潮的，用手一捏成片状或条索绵软者，说明已经受潮，容易变质，不宜选购。

储藏茶叶

茶叶是一种特殊的商品，具有很强的吸附性和陈化性，很容易吸收异味和陈化，极易受水分、温度、空气、光线影响而降低质量，因此储藏包装要求较高，基本上采取低温、避光、无氧储藏，多层复合材料抽氧充氮包装，使茶叶从加工后到饮用前处于干燥、低温、密封的环境里，以使茶叶保持较好的色香味。

鉴别干燥度与新鲜度

茶叶种类繁多，选购茶叶要根据各人的饮用爱好和购买茶叶的目的来选购。但无论选购什么茶叶，有两点是应该注意的，一是干燥度，二是新鲜度。用两个手指能将茶研成粉末的，说明茶叶是干燥的。如果只能研成细片状，说明茶叶已吸潮，干燥度不足，这种茶叶极易变质。茶叶的新鲜度很重要，除个别茶类如六堡茶、普洱茶外，都要力求新鲜。有陈霉味的茶叶一般不宜饮用。一般的小包装茶，超过一年以上者，往往容易变质。

保 管 茶 叶

买回的小包装茶，无论是复合薄膜袋装茶或是听罐包装茶，都必须放在能保持干燥的地方。如果是散装茶，可用干净白纸包好，置于有干燥剂（如块状未潮解石灰）的罐、坛中，坛口盖严。如茶叶数量少而且很干燥，也可用两层防潮性能好的薄膜袋包装密封好，放在冰箱中，至少可保存半年基本不变质。总之，保存茶叶的条件：一是要干燥，二是最好低温在5度左右。

茶叶品质审评

茶叶品质审评一般通过上述干茶外形和汤色、香气、滋味、叶底等的综合观察，才能正确评定品质优次和等级价格的高低。各个品质项目不是单独形成和孤立存在的，相互之间有密切的相关性。综合审评结果时，应作仔细的比较参证，然后再下结论。

鉴别新茶与陈茶

“饮茶要新，喝酒要陈。”大部分品种的茶叶，以新为好，色香味俱佳。而有些名茶如西湖龙井、洞庭碧螺春、莫干黄芽等，则是在生石灰中贮存一至二个月为最佳，目的是去除新茶的青草气，色味不变且比新茶更加清香纯洁。又如武夷岩茶、云南普洱等，隔年陈茶反而更加香气馥郁、滋味醇厚。鉴别时要从色泽、滋味、香气三方面入手。茶叶贮存中由于空气的氧化作用，会使色素分解，绿茶会由碧绿转达黄绿，红茶会由乌润转为灰褐。茶汤上，陈茶浑浊不清，滋味比新茶淡薄，鲜爽味减少，香味不清新。

鉴别春夏秋三季茶

“春茶苦，夏茶涩，要好喝，秋白露。”这是人们对不同季节茶品质的大致概括。喝春茶最佳为绿茶，味美香浓，营养丰富，保健作用也佳。喝夏茶以红茶为上，夏红茶色泽红润，味浓厚。秋茶介于春茶、夏茶之间，滋味香气都比较平和。鉴别时主要分干看和湿看。干看，即看成品。凡红茶、绿茶条索紧结，珠茶颗粒圆紧；红茶色泽乌润，绿茶色泽绿润；茶叶肥壮重实，或有较多毫毛、香气馥郁者，都是春茶的品质特征。凡红茶、绿茶条索松散，珠茶颗粒松泡，绿茶色泽灰暗或乌黑；茶叶轻飘宽大，嫩梗瘦长；香气略带粗老者，都是夏茶的品质特征。凡茶叶大小不一，叶片轻薄瘦小；绿茶色泽黄绿，红茶色泽暗红；茶叶香气平和者，都是秋茶的品质特征。湿看，即冲泡茶叶下沉较快，香气浓烈持久，滋味醇厚；绿茶汤色绿中透黄，红茶汤色红艳；茶底柔软厚实，正常茶叶多。叶片脉络细密，叶缘锯齿不明显者，此为春茶。凡冲泡时茶叶下沉较慢，香气欠高；绿茶滋味苦涩，汤色红暗，叶底较红亮；不论红茶还是绿茶，叶底均显得薄而硬，对夹叶较多，叶脉较粗，叶缘锯齿明显，此为夏茶。凡香气不高，滋味淡薄，叶底夹有铜绿色芽叶，叶片大小不一，对夹叶多，叶缘锯齿明显的，当属秋茶。

鉴别真茶与假茶

真茶与假茶既可从形态特征来区别，又可从生化特性来区分。茶树具有如下一些形态特征：一是茶树叶片边缘锯齿为十六至三十二对，且上部密而深，下部稀而疏，近叶柄处平滑无锯齿。而其他植物叶片多数叶缘四周布满锯齿，或者无锯齿；二是茶树叶片叶背叶脉凸起，主脉明显，并向两侧发出七至十对侧脉。侧脉延伸至离边缘三分之一处向上弯曲呈弧形，与上方侧脉相连，构成封闭的网脉系统，这是茶树叶片的重要特征之一。而其他植物叶片的侧脉，多呈羽状分布，直通叶片边缘；三是茶树叶片背面的茸毛，在放大镜或显微镜下观察，除主脉上的茸毛外，大多具有基部短，弯曲度大的特征。其他植物叶片上的茸毛多呈直立状生长或无茸毛；四是茶树叶片在茎上的分布，呈螺旋状互生。而其他植物叶片在茎上的分布，通常是对生或几片叶簇状着生。另外，还可通过进行咖啡因、茶多酚等的化学分析来判断真假茶叶。

鉴别窨花茶与拌花茶

花茶是用茶坯（原料茶）和鲜花窨制而成的，俗称窨花茶。花茶加工分为窨花和提花两道工艺进行。花茶经窨花后，已经失去花香的花干要经过筛分剔除。成品花茶中，尤其是高级花茶，很少见到花干的存在。只有在一些低级的花茶中，才夹杂少许花干，它无益于提高花茶的香气。还有的未经窨花、提花，只是在低级茶叶中拌些已经窨制过的花干，这就叫拌花茶，其实只是假冒茶而已。

香气是花茶的主要品质因子，审评花茶香气时，用热嗅、温嗅，冷嗅三种方法结合进行。热嗅辨别香气高低和纯正程度，温嗅辨别香气的浓度与类型，冷嗅辨别香气的持久性。凡花茶香气达到浓、鲜、清、纯的，就为正宗上品。如茉莉花茶的清鲜芬芳，珠兰花茶的浓纯清雅，玉兰花茶的浓烈甘美，玳玳花茶的浓厚净爽等。一般，头泡花茶，花香扑鼻，这是提花使茶叶表面吸附香气的结果，而第二、三次冲泡，仍可闻到不同程度的花香，乃是窨花的结果。所有这些，在拌花茶中是无法达到的，而最多也只是在头泡时，能闻到一些低沉的花香罢了。

鉴别高山茶与平地茶

高山茶与平地茶相比，品质特征有如下区别：

高山茶芽叶肥壮，节间长，颜色绿，茸毛多。经加工而成的茶叶，条索紧结、肥硕，白毫显露，香气馥郁，滋味浓厚，耐冲泡。

平地茶芽叶较小，叶底坚薄，叶张平展，叶色黄绿欠光润。经加工而成的茶叶，条索较细瘦，身骨较轻，香气稍低，滋味和淡。

高山茶比平地茶好，是高山气候条件、土壤因子以及植被等综合影响的结果，是由于高山具有适合茶树生长的天然生态条件的缘故。高山出好茶，但也不是山越高越好，大致以海拔100至800米为好。其实，凡是在气候温和，雨量充沛，湿度较大，光照适中，土壤肥沃的地方采制的茶叶，品质都比较好。因此，人们往往采用人工模拟茶树天然生态环境的方式去提高茶叶的品质。如种植遮阴树，建立人造防护林，实行茶园铺草，采用人工灌溉，等等，都有利于改善茶叶品质。

高山茶园

茶叶拼配

茶叶拼配也是茶叶加工的一种工艺，多为商品茶加工企业采用。尤其是在我国非产茶区的北方茶叶加工企业，一般只能对茶叶进行拼配加工。茶叶拼配是指将两种以上形质不一，具有一定共性的茶叶（如眉茶和雨茶），拼合在一起的作业，是一种常用的提高茶叶品质、稳定茶叶品质、扩大货源、增加数量、获取较高经济效益的方法。

茶叶拼配，是通过评茶师的感官经验和拼配技术把具有一定的共性而形质不一的产品，择其所短，或美其形，或匀其色，或提其香，或浓其味；对部分不符合拼配要求的茶叶，则通过筛、切、扇或复火等措施，使其符合要求，以达到货样相符的目的。

拼配工作中应遵守以下几个准则：

外形相像：有人认为，“像”就是围绕成交样为中心，控制在上下5%以内。这种把成交样作为中间样的理解是不对的。有人认为，“像”就是一模一样，完全一致，这种认识也不符合茶叶商品实际。严格地说，绝对相像的茶叶是没有的，只有相对相像的茶叶。

内质相符：茶叶的色、香、味要与成交样相符。例如，成交样是春茶，交货样不应是夏秋茶。成交样是单一地区茶（如祁红），交货样不应是各地区的混合茶。

品质稳定：拼配茶叶只有长期稳定如一，才能得到消费者的认可和厚爱，优质才能优价。

成本低廉：在保证拼配质量的同时，应不突破拼配目标成本，这样才有利于销售价的稳定。

技术管理：在拼配中的技术管理尤其要做到样品具有代表性，拼堆要充分拌匀，拼堆环境要保证场地清洁、防潮，预防非茶类夹杂物混入、异味侵入等。

武夷高处是蓬莱，

采取灵芽手自栽。

朱熹

地僻芳菲真自在，
谷寒蜂蝶未全来。
红裳似欲留人醉，
锦幛何妨为客开。
咀罢醒心何处所，
远山重叠翠成堆。

朱熹《咏茶》

饮茶篇

嫩绿微黄碧涧春，采时闻道断荤辛。
不将钱买将诗乞，借问山翁有几人。

饮　　茶

在西方，茶只是一种饮料。可在中国，饮茶却包含了精神文化的内容。这些精神文化的内容有规范、审美、人文精神等。于是简单的饮茶，便产生了许多学问，包括茶具、茶艺和饮品，乃至产生了一种茶道。

茶　　具

中国茶具发展史

喝茶自然要用茶具，从茶艺欣赏的角度说，美的茶具比美的茶更为重要。

茶具的产生和发展是与茶叶生产、饮茶习惯的发展和演变密切相关的。早期茶具多为陶制。陶器的出现距今已有1.2万年的历史。由于早期社会物质文明极其贫乏，因此茶具是一具多用的。直到魏晋以后，清谈之风渐盛，饮茶也被看作高雅的精神享受和表达志向的手段，正是在这种情形下，茶具才从其他生活用具中独立出来。考古资料说明，最早的专用茶具是盏托，如东晋时盏托两端微微向上翘，盘壁由斜直变成内弧，有的内底心下凹，有的有一凸起的圆形托圈，使盏“无所倾斜”，同时出现直口深腹假圈足盏。到南朝时，盏托已普遍使用。

唐代，我国茶的生产进一步扩大，饮茶风尚也从南方推广到北方。此时瓷业出现“南青北白”的局面。越窑青瓷代表了当时南方的最高水平。此时的茶碗器形较小，器身较浅，器壁成斜直形，适于饮茶。北方以邢窑为代表。北方的茶碗，较厚重，口沿有一道凸起的卷唇，它与越窑茶碗“口唇不卷，底卷而浅”的风格有明显的区别。越窑除了具备釉色外，造型也优美、精巧。

关于我国的茶具，直到陆羽《茶经》问世，才第一次有了系统和完整的记述。《茶经》讲述的这套茶具涉及陶瓷、竹、木、石、纸、漆各种质地，共28件。陆羽对茶具的设计不仅讲究实用价值，式样古朴典雅，有情趣，且有明显推行“茶道”的意图，给茶人以美的愉悦。史称“茶兴于唐而盛于宋”。宋代的陶瓷工艺也进入黄金时代，最为著名的汝、官、哥、定、钧五大名窑。因此，宋代茶具也独具特色。

宋代，茶除供饮用外，更成为民间玩耍娱乐的工具之一。嗜茶者每相聚，斗试茶艺，称“斗茶”，因此，茶具也有了相应变化。斗茶者为显出茶色的鲜白，对黑釉盏特别喜爱，其中建窑出产的兔毫盏被视为珍品。

元代，散茶逐渐取代团茶。此时绿茶的制作只经适当揉捻，不用捣碎碾磨，保存了茶的色、香、味。及至明朝，叶茶全面发展，在蒸青绿茶基础上又发明了晒青绿茶及炒青绿茶。茶具亦因制茶、饮茶方法的改进而发展，出现了一种鼓腹、有管状流和把手或提梁的茶壶。值得一提的是，至明代紫砂壶具应运而生，并一跃成为

宋代兔毫盏

明代宜兴紫砂茶壶

"茶具之首"。

茶之十德：

一、以茶散郁气；

二、以茶驱睡气；

三、以茶养生气；

四、以茶除病气；

五、以茶利礼仁；

六、以茶表敬意；

七、以茶尝滋味；

八、以茶养身体；

九、以茶可雅心；

十、以茶可行道。

其原因大致是其造型古朴别致，经长年使用光泽如古玉，又能留得茶香，夏茶汤不易馊，冬茶汤不易凉。最令人爱不释手的是壶上的字画，最有名的是清嘉庆年间著名的金石家、书画家、清代八大家之一的陈曼生，把我国传统绘画、书法、金石篆刻等艺术相融合于茶具上，创制了"曼生十八式"，成为茶具史上的一段佳话。

清代，我国六大茶类（即绿茶、红茶、白茶、黄茶、乌龙茶及黑茶）都开始建立各自的地位。宜兴的紫砂壶、景德镇的五彩、珐琅彩及粉彩瓷茶具的烧制迅速发展，在造型及装饰技巧上，也达到了精妙的艺术境界。清代除沿用茶壶、茶杯外，常使用盖碗，茶具登堂入室，成为一种雅玩，其文化品味大大提高。这是茶具已和酒具彻底分开了。

今天，我国的茶具已品种纷繁、琳琅满目了。

茶 具 类 别

陶茶具　用黏土烧制的饮茶用具。还可再分为泥质和夹砂两大类。由于粘土所含各种金属氧化物的不同百分比，以及烧成环境与条件的差异，可呈红、褐、黑、白、灰、青、黄等不同颜色。陶器成形，最早用捏塑法，再用泥条盘筑法，特殊器型用模制法，后用轮制成形法。7000年前的新石器时代已有陶器，但烧制温度只有600至800度，陶质粗糙松散。公元前3000年至公元前1世纪，烧制陶器温度已达1000度，生产出有图案花纹装饰的彩陶。商代，开始出现胎质较细洁、烧制温度达1100度的印纹硬陶。战国时期盛行彩绘陶，汉代创制铜釉陶，为唐代唐三彩的制作工艺打下基础。晋代杜育《荈赋》“器择陶拣，出自东瓯”，首次记载了陶茶具。至唐代，经陆羽倡导，茶具逐渐从酒食具中完全分离，形成独立系统。《茶经》中记载的陶茶具有熟盂等。北宋时，江苏宜兴采用紫泥烧制成紫砂陶器，使陶茶具的发展走向高峰，成为中国茶具的主要品种之一。除江苏宜兴外，浙江的嵊州、长兴，河北的唐山等均盛产陶茶具。

宜兴紫砂茶具　用宜兴紫泥烧制的饮茶用具。紫泥色泽紫红，质地细腻，可塑性强，渗透性好，成型后放在1150度高温下烧制。产品有茶杯、茶壶、茶托等。紫泥矿物组成属含铁的黏土——石英——云母系，形成颗粒细小均匀的团粒结构。内部的双重气孔使紫砂茶具具有良好的透气性能，泡茶不走味，贮茶不变色，盛暑不易馊，为宜兴特有产品。按其外形分类可分筋纹（又称筋瓤）、几何（又称素货）和自然（又称花货）三类。筋纹类犹如植物叶中之叶筋纹，以线条装饰；几何类即以几何之形造型；自然类以梅桩、南瓜、花果、飞禽走兽作壶的造型。宜兴紫砂茶具工艺技术是在东汉烧制陶器的“圈泥”法和制锡手工业的“镶身”法相结合的基础上发展而来。宜兴市鼎蜀镇羊角山古龙窑遗址发掘的紫陶残片表明，紫砂茶具初兴于北宋，胎质较粗，造型多为传统实用器皿，体型大，制作不及后代精细，其中壶类多用作煮水或煮茶用。明清时期为紫砂茶具制作的兴旺期。明永乐帝曾下旨造大批僧帽壶，推动了紫砂茶具的发展。明代周高起《阳羡茗壶系》：“僧闲静有致，习与陶缸瓮者处，抟其细土，加以澄练，捏筑为胎，规而圆之，刳使中空，踵傅口柄盖的，附陶穴烧成，人遂传用。”宜兴紫砂壶名家始于明代供春，其后的四大家，即董翰、赵梁、袁锡、时朋均为制壶高手，作品罕见。同代李茂林用“匣钵”法，即将壶坯放入匣钵再行烧制，不染灰泪，烧出的壶表面洁净，无油泪釉斑，色泽均匀一致，至今沿用。清代名匠辈出，陈鸣远、杨彭年等形成不同的流派和风格，工艺渐趋精细。康熙时曾在紫砂器上试烧珐琅彩，雍正以后有紫砂胎的粉彩器及描金器。近代、现代有顾景舟、蒋蓉等承前启后，使紫砂壶的制作又有新发展。紫砂茶具成为人们的日常用品和珍贵的收藏品。

瓷茶具　用长石、高岭土、石英为原料烧制的饮茶器具。经原料配比、加工成形、干燥，以1300度左右高温烧制而成。可上釉或不上釉。瓷分为硬瓷和软瓷两大类。前者如景德镇所产白瓷，后者如北方窑产的骨灰瓷。瓷的质地坚硬致密，表面光洁，薄者可呈半透明状，敲击时声音清脆响亮，吸水率低。瓷茶具有碗、盏、杯、壶、匙等，中国南北各瓷窑均有出产，其中以景德镇产品为著。瓷器系中国发明，滥觞于商周，成熟于东汉，发展于唐代。瓷脱胎于陶，初期称“原始瓷”，至东汉才烧制成真正的瓷器。青瓷（在坯体上施含有铁成分的釉，烧制后呈青色）发现于浙江上虞一带的东汉瓷窑。白瓷（以含铁量低的瓷坯，施以纯净的透明釉烧制而成）则成熟于隋代。唐代盛行饮茶，民间使用的茶器以越窑青瓷和邢窑白瓷为主，形成了陶瓷史上著名的南青北白对峙格局。陆羽《茶经》推崇越碗，其中的部分精品称为秘色瓷，已为贡品。宋代斗茶风盛，崇尚茶色白，宜用黑色茶盏观察斗茶时的茶沫及水痕，故推崇建窑烧制的黑釉兔毫盏、鹧鸪盏和吉州窑的玳瑁盏，日本人统称为“天目茶碗”。宋代生产茶具的主要瓷窑有：定窑、官窑、钧窑、耀州窑、汝窑、磁窑、龙泉窑、景德镇窑和建窑。元代发明了瓷石加高岭土的二元配方，使制胎工艺出现重大进步。尤其是景德镇白釉瓷、青花瓷的成熟和发展，为景德镇的瓷都地位奠定了基础。明清饮用散茶，茶具以景德镇瓷器和宜兴紫砂陶器为主。明代瓷业除民营外，自洪武年间始在景德镇设御器厂，永乐、宣德的青花、甜白，成化的斗彩，弘治的娇黄，嘉靖、万历的五彩都是著名的瓷器品种。传世器物有“明永乐甜白半脱胎团龙葵瓣器碗”等珍品。清代瓷器既重摹仿又有创新，纹饰逐渐繁缛，釉色更加丰富多彩，形成俗艳、精细的时代特征。康熙时期引进外国技术，制成珐琅彩瓷器，传世器物有“雍正珐琅彩竹雀茶杯”等珍品。清代白盖碗的发明顺应了饮茶文化需要。现代景瓷的彩釉和彩绘达到了极高的水平。后起的唐山瓷、醴陵瓷也都由粗瓷进入细瓷生产，茶具质量大有改进，品类增加，极大地丰富了中国的瓷茶具。

陈鸣远款方胜壶

景德镇瓷茶具 景德镇历代所产瓷质茶具的总称。景德镇制瓷历史悠久，始于汉，兴于唐，盛于宋。宋景德元年（1004年）由昌南镇改名景德镇，制瓷技术蓬勃发展，明清后成为中外闻名的瓷都。景德镇瓷器质地优良，“白如玉，明如镜，薄如纸，声如磬”。装饰技艺丰富多彩，有青花、青花玲珑、颜色釉、粉彩、影青、窑彩、新彩、综合装饰等品种。景德镇瓷茶具始于唐，早期多兼用，后发展为专用茶具。唐代专用茶具有茶盏、执壶；宋有斗笠碗、茶盏、执壶；元有执壶、茶碗、茶盅、茶盏；明有马蹄饭具、僧帽壶、压手杯、扁壶；清有马蹄饭具、扁方壶、提梁壶、把壶；民国除沿用前期茶具外，另有盖茶杯、铁路盅、中山水筒等。现代茶具品种多，规格全，造型新颖，装饰精美。单体茶具有杯、碗、壶、盅、碟，组合茶具有2至22件不同件数组合，由壶、盅、碟、盘组成。景瓷名牌茶具有“釉中彩樱桃高白釉金钟茶杯”“釉下蓝金钟茶杯”“金地开光龙凤六头大茶具”“花玲珑八头小茶具”“金菊茶杯”以及“景德壶”系列产品等。

许慎头像

玉石茶具　玉石雕制的饮茶用具。玉材有软玉（属角闪石类，如羊脂玉）和硬玉（属辉石类，如翡翠等）两大类。汉代许慎《说文解字》说玉是“石之美兼五德者”，即五个特性：具有坚韧的质地，晶润的光泽，绚丽的色彩，致密而透明的组织，舒扬致远的声音。包括真玉（硬玉和软玉）、蛇纹石、绿松石、孔雀石、玛瑙、水晶、琥珀、红绿宝石等彩石玉。中国玉器工艺历史悠久，唐时饮茶风盛，开始出现玉质茶具，如河南偃师杏园李归厚墓中的玉石杯，造型与白瓷浅腹杯相近，口部四周曲花瓣状，腹壁斜纹，下附圈足。宋徽宗嗜玉，对玉雕工艺有促进。明清时期是中国玉器的鼎盛期，玉茶具大多为王公贵族所有。明神宗御用玉茶具由玉碗、金碗盖和金托盘组成，玉碗器身圆形，底部有一圈足，玉材青白色，洁润透明，壁薄如纸，光素无纹，工艺精致。清代皇室亦用玉杯、玉盏作茶具。当代中国仍生产玉茶具，如河北产黄玉盖碗茶具，通身透黄而光润，纹理清晰。

石茶具　以石制成的茶具。天然石料丰富，选料要符合“安全卫生，易于加工，色泽光彩”的要求，经人工精雕细琢、磨光等多道工序而成。产品为盏、托、壶和杯，以小型茶具为主。根据原料命名产品，有大理石茶具、磐石茶具、木鱼石茶具等。石料富有天然纹理，色泽光润美丽，质地厚实沉重，保温性好，有较高的艺术价值。中国的安徽、山东、云南、上海等地都产石茶具。历史文献载有古代石茶具如石鼎、石瓶、石磨等。明代屠隆《茶笺》：“石凝结天地秀气而赋形者也，琢以为器，秀犹在焉。”雕琢技术的发展，使现代石茶具更为精美，多成为工艺品。

漆器茶具　以竹木或它物雕制，并经涂漆的饮茶器具。漆器起源甚早，在六七千年前的河姆渡文化遗址中发现有漆碗。舜禹在位时曾使用髹漆木器。殷商时代漆液中能掺入各种颜料，并在漆器上粘贴金箔或镶嵌松石。西周晚期的墓中发现漆器上用蚌壳组成花纹，为中国螺钿工艺的初制。楚国漆器最盛，类别繁多，大到床笫、舟车、棺椁，小至扁簪，甚至金银陶器皆髹漆。秦汉时期设“车园匠”一职，监造精美漆器。两晋时代至南北朝，漆器使用广泛，能用夹纻技法塑造复杂的器物。唐代瓷业发达，漆器向工艺品发展。甘肃武威唐墓出土的“金银平脱宝相花碗”具有很高的工艺水平。

河南偃师杏园李归厚墓出土的漆器中发现有一贮茶漆盒。宋元时将漆器分成两大类，一类以髹黑、酱色为主，光素无纹，造型简朴，制作粗放，多为民众所用。1972年江苏宜兴和桥南宋墓出土素色漆器32件，其中“素漆托盏”是典型茶具。另一类为精雕细作的产品，有雕漆、金漆、犀皮、螺钿镶嵌诸种，工艺奇巧，镶镂精细，甚者金银作胎，如浙江瑞安仙岩出土的北宋泥金漆器。明清时期，髹漆有新发展，有名匠将时大彬的“六方壶”髹以朱漆，名为“紫砂胎剔红山水人物执壶”，为宫廷用茶具，是漆与紫砂合一的绝品。清乾隆年间福州名匠沈绍安创制脱胎漆工艺，所制茶具乌黑清润轻巧，成为中国“三宝”之一。

竹木茶具　用竹或木制成的茶具。采取车、雕、琢、削等工艺，将竹木制成茶具。用竹制成者称竹茶具，大多为用具，如竹夹、竹瓢、茶盒、茶筛、竹灶等；用木制成者称木茶具，多用作盛器，如碗、具列、涤方等。竹木茶具轻便实用，取材容易，做工简易，制品多为寻常百姓使用。经精工细雕者也入达官贵人之户。其产品出自竹木之乡，遍布全国。竹木制品，古代有之。后魏贾思勰《齐民要术·种榆篇》：“又种榆法，十年之后魁、碗、瓶、榼各值一百文。”竹木茶具形成于中唐，陆羽《茶经》所载的竹木茶具达十余种，有交床、夹、碾、罗、合、则、水方、漉水囊、瓢、竹夹、札、涤方、滓方、具列、都篮等。宋代沿习，并发展用木盒贮茶，南宋朱弁《曲洧旧闻》：“蜀公（范仲淹）与温公（司马光）同游嵩山，各携茶以行，温公以纸为帖，蜀公用小木盒盛之。”明清两代饮用散茶，竹木茶具种类减少，但工艺精湛，明代竹茶炉、竹架、竹茶笼以及清代的檀木锡胆贮茶盒等传世精品均为例证。近代和现代的竹木茶具趋向于工艺和保健，四川生产的细竹丝包裹的细白瓷茶具，质地致密，外形精美；海南文昌制作的梨花木茶具，雕刻精细。在少数民族地区，竹木茶具仍占有一定位置，云南哈尼族、傣族的竹茶筒、竹茶杯，西藏藏族和蒙古族的木碗、木槌，布朗族的鲜粗毛竹煮水茶筒均是。

果壳茶具　用果壳制成的茶具。其工艺以雕琢为主。用手工将葫芦、椰子等硬质果壳加工成茶具，大多为用具，如水瓢、贮茶盒等。水瓢主产北方，椰壳茶具主产海南。果壳茶具虽少，但形成时期较长，陆羽《茶经》已述用葫芦制瓢，历代沿用。椰壳茶具主要是工艺品，外形黝黑，雕刻山水或字画，内衬锡胆，能贮藏茶叶。

金银茶具　用金银制成的饮茶用具。按质地分类，以银为质地者称银茶具，以金为质地者称金茶具，银质而外饰金箔或鎏金称饰金茶具。金银茶具大多以锤成型或浇铸焊接，再以刻饰或镂饰。金银延展性强，耐腐蚀，又有美丽色彩和光泽，故制作极为精致，价值很高，多为帝王富贵之家使用，或作供奉之品。中国自商代始用黄金，河南安阳殷墟曾出土黄金小饰件。春秋战国时期金银器技术有所进步，湖北随州曾侯乙墓出土的金盏，采用纽、盖、身、足分铸，再合范浇铸，焊接成器，造型富丽典雅。从出土文物考证，茶具从金银器皿中分化出来约在中唐前后，陕西扶风县法门寺塔基地宫出土的大量金银茶具，有银金花茶碾、银金花茶罗子、银茶则、银金花鎏金龟形茶粉盒等可为佐证，唐代金银茶具为帝王富贵之家使用。宋代金银器有进一步发展，酒肆、妓馆及上层庶民也有使用。宋尚金银茶具。宋代蔡襄《茶录》："茶匙要重，击拂有力，黄金为上。"又说："汤瓶黄金为上。"明代金银制品技术无多少创新，但帝王陵墓出土的文物却精美无比，定陵出土的万历皇帝用玉碗、碗盖及托均为纯金錾刻而成。清代金银器工艺空前发展，皇家茶具更为普遍，史料记载太监用玉碗、金托、金盖的茶具在御前伺候慈禧太后。鉴于金银贵重，现代生活中极少使用金银茶具。

锡茶具　用锡制成的饮茶用具。采用高纯精锡，经焙化、下料、车光、绘图、刻字雕花、打磨等多道工序制成。精锡刚中带柔，密封性能好，延展性强，所制茶具多为贮茶用的茶叶罐。形式多样，有鼎币形、长方形、圆筒笼及其他异形，大多产自中国云南、江西、江苏等地。历来对锡制茶具看法不一。明代屠隆《考盘余事》："铜铁铅锡，腥苦且涩。"张谦德《茶经》："铜锡生锈，不入用。"反对用锡制茶具。冯可宾《岕茶笺》："近有以夹口锡器贮茶者，更燥更密，盖磁坛犹有微隙透风，不如锡者坚固也。"主张锡罐贮茶。日本奥玄宝《茗壶图录》载明代锡茶壶"出离头陀"云："通盖高一寸八分一厘，口径一寸五分，腹径二寸四分二厘，深一寸四分，重六十二钱，容七勺。流直鋬环，古滕络鋬，盖防热汤也。通体纯锡，经年之久，锈花赤斑，纷然点出，古色可掬。"但因锡壶盛茶水有异味，后人罕见打造。

镶锡茶具　工艺茶具。清代康熙年间由山东烟台民间艺匠创制。用高纯度的熔锡模铸雏形，经人工精磨细雕，包装在紫砂陶制茶具或着色釉瓷茶具外表。装饰图案多为松竹梅花、飞禽走兽。具有金属光泽的锡浮雕与深色的器坯对比强烈，富有民族工艺特色。镶锡茶具大多为组合型，由一壶四杯和一茶盘组成。壶的镶锡外表装饰考究，流、把的锡饰，华丽富贵。当代镶锡茶具主产山东烟台，是当地的传统工艺品，江苏等地也有少量生产。

铜茶具 铜制饮茶用具。以白铜为上，少锈味，器形以壶为主。3000年前中国已有铜器，但因铜器有生锈气，损茶味，很少应用。至清代才因国外传入而流行铜茶壶。当代四川等地的茶壶、长嘴铜壶偶尔可见。云南撒尼族人将茶投入铜壶，煮好的茶称“铜壶茶”。

景泰蓝茶具 亦称“铜胎掐丝珐琅茶具”。工艺茶具。北京著名的特种工艺。用铜胎制成，少有金银制品。一说始于唐代，一说始于明代。通过掐丝、点蓝、烧蓝、磨光、镀金等多种工序制作而成。因以蓝色珐琅烧著名，且流行于明代景泰年间，故名。此类茶具大多为盖碗、盏托等，制作精细，花纹繁缛，内壁光洁，蓝光闪烁，气派华贵。

景泰蓝茶具

不锈钢茶具 用不锈钢制成的饮茶用具。其材料是含铬量不低于12%的合金钢，能抵抗大气中酸、碱、盐的腐蚀。外表光洁明亮，造型规整有现代感。传热快，不透气，多作旅游用品如带盖茶缸、行军壶以及双层保温杯等。

玻璃茶具 用玻璃制成的茶具。玻璃质地硬脆而透明，其主要成分是二氧化硅、氧化钙和氧化钠。由石英砂、石灰石、纯碱等混合后，在高温下熔化、成型、冷却后形成。按玻璃茶具的加工分类，有价廉物美的普通浇铸玻璃茶具和价昂华丽的刻花玻璃（俗称水晶玻璃）两种。玻璃茶具大多为杯、盘、瓶制品，作为茶水的盛器及贮水器。玻璃制品透明，可直视杯中汤色、叶底，是品饮名茶，尤其是绿茶的理想茶具，但质地坚脆，易裂易碎。现代科学技术已能将普通玻璃经过热处理，改变玻璃分子的排列，制成有弹性、耐冲击、热稳定性好的钢化玻璃，使茶具性能大为改善。

玻璃茶具

搪瓷茶具 涂有搪瓷的饮茶用具。搪瓷是用石英、长石、硝石、碳酸钠等烧制成的珐琅，将珐琅浆涂在铁皮制成的茶具坯上，烧制后即形成搪瓷茶具。搪瓷可烧制不同色彩，并可拓字或图案，也能刻字。搪瓷茶具种类较少，大多数为杯，尤以盖杯为多，次之为碟、盘、壶。

塑料茶具 用塑料压制成的茶具。具主要成分是树脂等高分子化合物与配料。塑料茶具色彩鲜艳，形式多样，质轻，耐腐。但用其泡茶常会产生“水闷气”，影响茶质。塑料茶具种类不多，大多为水壶和杯，尤以儿童用具为多。

茶　　水

饮茶用水 适宜泡茶的水类。有“品茶先品水”的说法。唐代陆羽《茶经·五之煮》：“山水上，江水中，井水下。”中国各地都有适宜烹茶的名泉，是上乘的泡茶用水；其次是空气洁净时下的雨水和雪水；再次是未受污染的江水、湖水、井水。城市自来水含有较多的氯气，有损茶味，最好贮入缸桶一二天，待氯气散逸后再用。

天泉 古称用于泡茶的雨水和雪水为“天泉”。明代文震亨《长物志》：“秋水为上，梅水次之。秋水白而洌，梅水白而甘。”唐代白居易《晚起》诗：“融雪煎香茗。”宋代辛弃疾《六么令》词：“细写茶经煮香雪。”

地泉 泛指由地下涌出的泉水。明代文震亨《长物志·地泉》：“乳泉漫流，如惠山泉为最胜。次取清寒者，泉不难于清而难于寒。土多沙腻，泥凝者必不清寒。又有香而甘者，然甘易而香难，未有香而不甘者也。瀑涌湍急者勿食，食久令人有头疾。如庐山水帘、天台瀑布，以供耳目则可，入水品则不宜。温泉下生硫黄，亦非食品。”

煎茶用水二十品　水质评价。据唐代张又新《煎茶水记》载，唐代刘伯刍曾将全国宜于煮茶的水分为七品：扬子江南零水“中泠泉”第一，无锡惠山寺泉水第二，苏州虎丘寺泉水第三，丹阳观音寺水第四，扬州大明寺水第五，吴淞江水第六，淮水最下第七。唐代湖州刺史李季卿与陆羽深交，曾询问水之优劣，陆曰：“楚水第一，晋水最下。”李命人把陆羽口授的水品一一记下：“庐山康王谷水帘水（谷帘泉）第一；无锡县惠山寺石泉水第二；蕲州兰溪（今湖北浠水兰溪镇）石下水第三；峡州扇子山（今湖北宜昌西南灯影峡南岸）下有石突然，泄水独清冷，状如龟形，俗云虾蟆口水第四；苏州虎丘寺石泉水第五；庐山栖贤寺下方桥潭水（招隐泉）第六；扬子江南零水第七；洪州（今江西南昌一带）西山西东瀑布水第八；唐州（今河南洛阳）柏岩县淮水源第九；庐州（今安徽合肥一带）龙池山顾水第十；丹阳县观音寺水第十一；扬州大明寺水第十二；汉江金州（今陕西石泉、旬阳一带）上游中零水第十三；归州（今湖北秭归一带）玉虚洞下香溪水第十四；商州（今陕西商县一带）武关西洛水第十五；吴松（淞）江水第十六；天台山西南峰千丈瀑布水第十七；郴州圆泉水第十八；桐庐（浙江）严陵滩水第十九；雪水第二十。”

用水七等　对饮茶水质的品评。唐代张又新《煎茶水记》载，故刑部侍郎刘伯刍，“为学精博，颇有风鉴，称较水之与茶宜者凡七等：扬子江南零水第一；无锡惠山寺石水第二；苏州虎丘寺石水第三；丹阳县观音寺水第四；扬州大明寺水第五；吴淞江水第六；淮水量下第七。”刘伯刍和陆羽都擅长鉴水，但他们对各地水质品评结果不尽一致。如刘以南零水第一，而陆则以庐山康王谷水帘水为第一。

恶木败泉 泉水保洁禁忌。明代徐献忠《水品》：“泉上不宜有恶木，水受雨露，传气下注，善变泉味。况根株近泉，传气尤速。虽有甘泉不能自美，犹童蒙之性，系于所习养也。”恶木，系泛指散发异味的草木及腐枝败叶。

玉泉 指位于北京玉泉山西南麓。玉泉山六峰连缀，地皆泉。水从山根流出，主泉口大石上镌着“玉泉”二字，水从石上漫过。金章宗纳此泉入燕山八景，名曰“玉泉垂虹”。后大石碎，风景变迁，清乾隆时改“垂虹”为“趵突”，并为《御制玉泉山天下第一泉记》砌碑石立其旁。据《元一统志》称：“泉极甘洌。”用以沏茶，色香味俱佳。指位于福建长汀，流为瀑布。其地产茶，以泉水冲泡。指井名。《大清一统志》卷160《河南·怀庆府》：“在济源县东一里，泷

玉泉山

水北。唐代卢仝（号玉川子）尝汲泉煮茶，亦名玉川井。”

晋祠泉　位于山西太原南晋祠正殿之右。泉上覆以亭，泉深及径均丈余，下开涵洞以泄于外。泉水甘美，祠内茶室以此供游客泡茶。距亭6米许有池，泉分数道流出祠外，居民亦引泉汲饮。

中泠泉　亦称“中零泉”。意为大江中心处的一股凉泉。位于江苏镇江西北金山下。泉原在长江中心洲涡处，后长江主河道发生迁移，中泠泉便渐与陆地相连而脱离江水，今江岸沙涨，泉没沙中。该泉由南泠、中泠、北泠三眼泉水组成，其中以中泠泉眼涌水最多，故以中泠泉为其统称。泉水甘洌醇厚，煎茶点茗特佳，其内聚力与表面张力均大，泉水可高出杯口而不溢出。唐代刘伯刍曾将其评为“天下第一泉”，陆羽则将其列为“天下第七泉”，遂成一大历史“公案”。宋代文天祥诗则称之为“扬子江心第一泉”。

惠山泉　位于江苏无锡锡惠公园内。相传为唐朝无锡县令敬澄于大历元年至十二年（766至777年）所开凿。惠山旧名慧山，因西域僧人慧照曾居此山，故名。山有上中下三池，下池在“漪澜堂”前；中池方形，水味涩；上池圆形，水味甘。唐代陆羽、刘伯刍、张又新将其品定为“天下第二泉”，元代著名书法家赵孟頫特以此书匾额。元代杨载《惠山泉》诗云：“此泉甘洌冠吴中，举世咸称煮茗功。”惠山泉为“山水”，即通过岩层裂隙过滤的流动地下水，其“味甘”“质轻”“煎茶为上”。宋徽宗时，惠山泉水列为宫廷贡品。清乾隆皇帝到过惠山，并取泉水泡茗，还用特制小型量斗，量得惠山泉水为每斗1两零4厘，比北京玉泉水稍重。

虎丘第三泉　位于苏州虎丘山下虎丘寺中。《舆地纪胜》：“陆羽泉在吴县西北九里，陆鸿渐尝烹茶于此，言天下第三水也。”明代王鏊《吴都文粹续集》：“虎丘第三泉，其始盖出于陆鸿渐评定。或云张又新，或云刘伯刍，所传不一，而其来则远矣。今中泠、惠山名天下，虎丘之泉无闻焉。”后长洲（今江苏吴县）尹左绵高予以修复并作亭于其上，表之曰第三泉。

天下第五泉 位于江苏扬州大明寺西园。唐代品泉家刘伯刍将大明寺泉水评为“天下第五泉”，此后扬名于世。泉水味醇厚，泡茶清新。泉井侧勒“第五泉”石刻三字，为明御史徐九皋所书。

陆羽井 一指位于苏州虎丘寺中，即陆羽泉。据《宋诗纪事》司马允诗：“百尺寒泉浸崖腹，藓蚀题名不堪读。只今此味属谁论，自把铜瓶汲深绿。”盖宋时井名已腐蚀不清，诗人对陆羽评论水质备感怀念。二指位于浙江余杭双溪乡，曾荒废，现已修复。

虎跑泉 位于杭州西湖西南隅虎跑寺内。传说唐元和年间有位叫

天下第五泉

虎跑泉

性空的和尚居此，苦于无水，忽见有二虎刨地，泉遂涌出，故取名“虎刨泉”，后觉拗口又改“虎跑泉”。泉水清冽，晶莹透澈，滋味甘醇，煎茶极佳。为杭州诸泉之冠。清乾隆帝游江南之时，取虎跑泉水泡茶后，称其为“天下第三泉”。此水冲泡龙井茶，色绿味醇，杭州人谓虎跑水和龙井茶为“双绝”。虎跑泉水出自石英砂岩裂隙，水质纯净，总矿化度仅有0.02至0.15克/升，含有对人体有益的矿物质成分，为矿泉水。

龙井泉　亦称“龙泓泉”“龙湫泉”。位于杭州南高峰与天马山之间的龙泓涧上游分水岭附近。明代田汝成《西湖览志》记述，龙井泉发现于三国东吴赤乌年间（238至251年）。明代，曾在井口发现一片“投书简”，上刻东吴赤乌年间向“水府龙神”祈雨的文告。按此计算，龙井泉闻名于世已有一千七八百年。龙井四周出露岩层均为灰岩质，并由西向东南方倾斜，龙井处于倾斜面的东北端，利于地下水顺岩层面向龙井方向汇集。同时，附近还有一条北东走向的断层破碎带，给源源不断的地下水补给创造了良好的通道，几股水流最终都流向龙井，从而构成了常年不涸的景象。用龙井泉水冲龙井茶，色青味甘，呈豆花香气，可与虎跑泉水泡龙井茶媲美。清代次云在《湖壖杂记》中说：“龙井，泉从龙口中泻出，水在池内，其气恬然，若游人注视久之，忽尔波澜涌起。其地产茶，作豆花香，与香林、宝云、石人坞、乘云亭者绝异，采于谷雨前者尤佳，啜之淡然似乎无味，饮过后觉有一种太和之气，弥沦于齿颊之间。”认为“无味之味，及是至味也。”

六一泉　一指位于安徽滁州西南琅琊山醉翁亭旁。宋代文学家欧阳修自号六一居士，曾任滁州太守，写下千古名篇《醉翁亭记》，后人遂命名此泉为“六一泉”。二指位于杭州西湖孤山后岩。宋代苏轼任杭州知州，僧惠勤讲堂初建，掘地得泉，苏轼称其“白而甘，当往一酌”。此二人皆出欧阳修门下，泉出之际，适逢其去世，轼遂以“六一”名泉，并为之作铭。后岁久湮没。

烹茗井　位于杭州灵隐韬光寺内。白居易任杭州刺史时，与韬光禅师结为诗友。白居易曾备好茶饭，写诗邀韬光进城，诗云：“清茶除黄叶，红姜带紫芽。命师相伴食，斋罢一瓯茶。”韬光婉辞，回诗中有“城市不堪飞锡去”等句。飞锡，僧家语，指外行远游。韬光厌烦市井的喧闹，自称“山僧野性好林泉”。白居易遂亲至寺内，两人汲水烹茗，吟诗论文。当年白居易与韬光汲水烹茗之处，谓之烹茗井。

玉甑峰清泉　位于浙江乐清西雁荡山玉甑峰的玉虹洞内，冬暖夏凉，泉水不断，用以泡茶味甘洌。

参寥泉　位于杭州孤山旧智果寺内。泉出石缝间，水质甘洌，宜煮茗，以宋代寺僧参寥子之名命名。明代画家沈周《参寥泉》诗有“看碑言旧梦，托绠忆新茶”句。苏东坡与参寥子交往甚密，作《参寥泉铭并序》，有“舍下旧有泉，出石间，是月又凿石得泉，加洌。参寥子撷新茶，钻火煮泉而瀹之”之句。

金沙泉　亦称“金砂泉”。位于浙江长兴顾渚山。最早见于五代十国毛文锡《茶谱》，明代徐献忠辑《吴兴掌故集》：“金砂泉，顾渚山贡茶院侧，唐学士毛文锡记云：‘将造茶时，太守具礼拜祭，顷之，发源清溢。供御茶华，水即微减；供贡茶毕，水即减半；造毕，水即涸矣。’唐贡茶水二银瓶，宋初用一瓶。其后茶与泉俱不供。至元（元朝年号）时水大发，虽茶毕不减。我朝惟贡南京奉先殿茶耳。”

黄山温泉　亦称“朱砂泉”。位于安徽黄山紫云峰和泉砂峰二谷间的中段地带。黄山以奇松、怪石、云海、温泉“四绝”而名扬天下。黄山温泉水清澈如镜，晶莹可掬，甘芳可口，被誉为独具风味的优良矿泉水，汲取煎茶，妙味绝殊。据《图经》载：“黄山旧名黟山，东峰下有朱砂汤，泉可点茗，茶色微红，此自然之丹液也！”黄山温泉为众多名士称颂。李白54岁游黄山，赋《送温处士归黄山白鹅峰旧居》：“黄山四千仞，三十二莲峰。”“归休白鹅岭，渴饮丹砂井（即黄山温泉）。”明代徐霞客于1616年初春考察黄山后，写记：“汤深三尺，时凝寒未解，而汤气郁然，水泡池底汩汩起，气本香冽。”当代文豪郭沫若游黄山温泉后留下“尚有温泉足比华清池”的赞语。1979年7月中旬，邓小平视察黄山，为黄山温泉题下“天下名泉”四字。

庐山康王谷水帘水，第一；无锡县惠山寺石泉水，第二；蕲州兰溪石下水，第三；峡州扇子山下有石突然，泄水独清冷，状如龟形，俗云虾蟆口水，第四；苏州虎丘寺石泉水，第五；庐山招贤寺下方桥潭水，第六；扬子江南零水，第七；洪州西山西东瀑布泉，第八；唐州拍岩县推水源，第九；庐州龙地山岭水，第十；丹阳县观音寺水，第十一；扬州大明寺水，第十二；汉江金州上游中零水，第十三；归州玉虚洞下香溪水，第十四；商州武关西洛水，第十五；吴淞江水，第十六；天台山西南峰千丈瀑布水，第十七；柳州圆泉水，第十八；桐庐严陵滩水，第十九；雪水，第二十。

陆羽论二十等天下水

白乳泉　位于安徽怀远城南郊荆山北麓。因“泉水甘白如乳”而得名。宋代苏轼游此处，称之为“天下第七名泉”。泉水含矿物质，注入杯中，水面能略高出杯面而不外溢。用于沏茶，味甘美清洌。

龙焙泉 亦称“御泉”。位于福建建瓯城东凤凰山麓。明代陈继儒《茶董补》引《天中记》：“龙焙泉即御泉也。北苑造贡茶，社前茶（社日前采制的茶）细如针，用御水碾造，每片计工直钱四万文，试其色如乳，乃最精也。”清代周亮工《闽小记》：“龙焙泉在城东凤凰山，一名御泉，宋时取此水造茶入贡。”

谷帘泉 位于江西庐山。泉水出露在汉阳峰康王谷，自谷间崖口飞落直下，散落纷纭数十缕，斑布如琼帘，悬注170余米。唐代陆羽将此泉评为天下第一。历代名人留下了多篇咏谷帘泉的诗文。宋乾道六年（1710年），陆游赴四川夔（奉节）州就任途中，曾上庐山观景，并在《入蜀记》特载，谷帘水“真绝品也，甘腴清冷，具备众美”，“非惠山所及”。

招隐泉　位于江西庐山石人峰麓栖贤寺。因招隐了晚年隐居在浙江苕溪的陆羽，故又称“陆羽泉”。陆羽曾到栖贤寺，认定招隐泉为“天下第六”。其水质洁净，四季恒温，流量稳定，属上等饮用水。用泉水烹煮庐山云雾茶，汤色碧亮，鲜爽怡神，香馨持久，栖贤寺已于清末的战火中损毁殆尽，但宋代镌刻的“天下第六泉”

五个大字犹存。

胭脂井 亦称“陆羽井”。位于江西上饶城北茶山寺内，因周围土赤如胭脂而得名。相传唐代陆羽曾寓居此地，开山种茶，自采自制，并以“胭脂井”水冲泡，汤色清澈，茶叶鲜爽。

济南七十二泉 泉群。位于山东济南市老城区。泉眼众多，涌流不竭，水质明净甘洌。金代立“名泉碑”，列举泉名七十二，遂使济南获“泉城”之名。可划分为珍珠泉、黑虎泉、趵突泉、五龙潭四大泉群，均为游人品茶赏景胜地。

珍珠泉 位于山东济南泉城路北珍珠饭店院内。济南七十二泉之一。泉水上涌，状如珠串，故名。泉水清澈见底，长年不断。珍珠泉群由濯缨、溪亭、南芙蓉、朱砂等名泉组成，均汇入大明湖之中。泉水清碧甘洌，是烹茗上等佳水。清代乾隆皇帝以清、洁、甘、轻为标准，将珍珠泉评为天下第三泉。

黑虎泉 济南七十二泉之一。位于山东济南旧城东南的河滨公园内。因水从三石虎头喷出，故名。与周围琵琶、金虎、汇波、溪

黑虎泉

中、玛瑙、九女等十四处名泉组成黑虎泉群。泉水涌出，声如虎啸轰鸣，引发众多文人咏诗。泉群附近风景秀丽，历来为品茶赏景之佳处。

趵突泉　济南七十二泉之一。位于山东济南西门桥南。宋代起称趵突泉。泉有三眼，终年喷涌不止。水质优良，为济南七十二泉之首，用于烹茗尤佳。此泉与附近的满井、金钱、卧牛、皇华、柳絮、漱玉等二十七处名泉和五处无名泉组成趵突泉群。

趵突泉

五龙潭　济南七十二泉之一。位于山东济南旧城西门外，与趵突泉群相距约一里。由五处泉水汇注成一水潭，故名。泉流量稳定，不涸不息，泉水澄碧，凉爽可口。

柳泉　位于山东淄博蒲家庄，为古典名著《聊斋志异》作者蒲松龄故居名泉。传说蒲松龄曾在茅亭上设茶待客，听取乡夫野老谈狐说鬼，以写《聊斋志异》。柳泉原为一处天然自流泉水，村民们砌石井蓄水。泉水深丈余，即使大旱之年亦涌流不息，终年水满四溢，因而俗名为“满井”。泉边原有古老大柳树一株，蒲松龄和村民们又在泉边植柳一片。从此，井圉柳儿拂面，翠枝婆娑，景色更为宜人，于是改为柳泉。蒲松龄十分喜爱柳泉，自号“柳泉居士”，每天到柳泉汲水烹茶。柳泉清澈明亮，用来煎茶，清香四溢。

崂山矿泉　位于青岛市崂山区境内。自古有“神水”“仙饮”。矿泉水晶莹碧透，味道醇厚，用以泡茶，清香可口。

卢仝泉　亦称“玉川泉”。位于河南济源市郊西北“通济桥”下游300米处。相传是唐代卢仝（号玉川子）汲水烹茶处，立有碑石，刻有“唐贤卢仝泉石”字样，卢仝有名的“七碗茶歌”即作于此。

偃师甘露泉　位于河南偃师。明代徐献忠《水晶全秩》：“甘泉在偃师东南，莹澈如练，饮之若饴。”

蛤蟆泉 位于长江三峡西陵峡东段灯影峡南岸的扇子峰麓。扇子峰麓临江之处有一石灰岩溶洞，临洞口下有一大石赫然挺出呈椭圆形，状似蛤蟆，名“蛤蟆石”，又名“蛤蟆碚”，泉水即出自蛤蟆石之上，直泻而下，倾注于蛤蟆石的脊背和吻鼻之间，濑玉喷珠，状如水帘。水质洁净，甘凉醇厚，唐代陆羽曾赞曰：“汇水独清冷。”宋代陆游《入蜀记》云：“登蛤蟆碚，《水品》所载第四泉也。”欧阳修《蛤蟆碚》诗曰：“石溜吐阴崖，泉声满空谷。”苏东坡的《虾蟆背》诗云：“岂惟煮茶好，酿酒应无敌。”

文学泉　亦称“陆子井”“陆羽茶泉”。位于湖北天门城左护城河畔。陆羽青年时期研究茶事，常在此取水品茶，因曾被召任太子文学、太常寺太祝，虽未就职，人却称“陆文学”，故以“文学”名泉。泉井久湮，失其所在。清乾隆三十三年（1768年）天大旱，居民掘荷池得断碑，上有“文学”字迹。天门知县马士伟集资甃井封苔，恢复了胜迹。抗日战争期间又被毁，1957年重新修复，筑有亭和井。亭内立有石碑，主碑正面刻有“文学泉”三字，背面题有“品茶真迹”四字。亭后小庙内有“唐处士陆鸿渐小像碑”一块，像为陆羽端坐品茶形象，颇有风致。

昭君井　亦称“楠木井”。位于湖北兴山宝坪村，即汉代王昭君故乡。相传为当年昭君汲水之处。青石井台，井口呈六角形，中嵌楠木，北侧石壁上镌“楠木井”三字。井水清澈透碧，甘洌醇厚，水质好，宜泡茶。

陆游泉　亦称“陆游井”“陆游潭”。位于湖北西陵峡下牢溪畔。泉水自岩壁石罅中流出，注入一正方形石坑中。清澈见底，夏日不涸，冬日不冰，常盈不溢。宋乾道六年（1170年），陆游入川途中游此，取水煎茶品味，极为赞美，并题诗于峭壁：

世味年来薄似纱，谁令骑马客京华。小楼一夜听春雨，深巷明朝卖杏花。矮纸斜行闲作草，晴窗细乳戏分茶。素衣莫起风尘叹，犹及清明可到家。

“汲取满瓶半白乳，分流触石珮声长。囊中日铸传天下，不是名泉不合尝。”泉侧有三游洞，以唐代白居易、元稹、白行简三人同游此洞而得名。

马跑泉　亦称“马刨泉”。位于湖北江陵城西北八岭山南端。清道光二十六年（1846年）在泉旁立石碑，碑文大意：刘备被曹操围困于当阳，关羽引师急救，行至此地，烈日暴晒，人困马乏，寸步难移。赤兔马以蹄刨石，石开泉涌，人马得救，赶赴当阳，救援取胜。由此而得名。泉眼如马蹄，久旱不竭，泉水清洌，用以泡茶味道甘美。

卓刀泉　位于湖北武昌东湖南侧的伏虎山凹关庙中。此泉井口呈球台形，周围以三层条石垫砌。泉深10米，水色清澈，冬暖夏洌，味甘如醴。因泉而建卓刀庙，泉在庙院正中央，寺僧以水泡茶待客。

湖北玉泉　亦称“珍珠”。位于湖北当阳玉泉山。唐代已有名，李白《答族侄僧中孚赠玉泉仙人掌茶》：“茗生此石中，玉泉流不歇。根柯洒芳津，采服润肌骨。”泉旁建有玉泉寺。

白沙井　位于湖南长沙回龙山下。湖南民谣有:“常德德山山有德，长沙沙水水无沙。”即盛赞白沙井之句。其以洁净透明、甘洌不竭而被誉为长沙第一井。《湘城访古录》：“其泉清香甘美，夏凉冬温。煮为茗，芳洁不变。”

柳毅井　位于湖南岳阳君山龙口。清《巴陵县志》载，柳毅井地处山麓裂隙，集涓成流，泉水百年不涸，水质清澈洁净，甘洌醇厚。君山盛产银针茶，多以柳毅泉水冲泡。

黑虎泉

醍醐泉　位于湖南醴陵。《大清一统志·湖南·长沙府》：“（醍醐泉）在醴陵县西五里，味甘香。”水质极好，当地人常在此汲水烹茶，自饮或招待客人。

思乾井　位于广东茂名。北宋太平兴国四年（979年）乐史《太平寰宇记》载：“潘真人炼丹之水，味甚香美；煎茶试之，与诸水异。高力士尝奏取其水归朝，供宫内煎茶之需。”

灵源泉　亦称“灵水”。位于广东武鸣。是大型喀斯特暗河的出口中。水出洞口处汇成一湖潭，称灵源湖。水从湖的南出口流入武鸣河，泉水清澈见底。湖北岸有一巨石，形如螃蟹，名螃蟹山，上刻“灵源”二字。以灵源泉水煎茶可称上品。清代太守韩章曾吟灵源泉，诗曰：“为爱清莹水一泓，龙门石穴日渊通。青黄树掩围六幕，红紫石文瀑锦丛。心眼顿开诸累尽，须眉毕鉴百私空。若教陆羽逢兹会，应注《茶经》上品中。”

乳泉　在海南儋州。《大清一统志·广东·琼州府》：“在儋州城南，苏轼《乳泉赋》：‘吾谪居儋耳，卜筑城南，邻于司命之宫，百井皆盐，而醪醴钟乳独发于宫中，给吾饮食酒茗之用，益沛然而无穷。’《通志》：‘乳泉井在州东南朝天宫，即旧天庆观。’儋耳，古郡名。乳泉四季不竭，水质甘洌醇厚，宜沏茶。”

玉液泉　位于四川峨眉山大峨寺神水阁前。源于石壁之中，清洁异常，喝之涤肠净胃，如饮琼浆玉液，故名。古人视之为神水，并造“神水阁”以祀。神水遇旱不涸，终年不竭，水味甘醇而浓，寺僧以此水煮茶待客，被誉为“峨眉第一泉”。

茶与水的关系　人们常说“水为茶之母，器为茶之父”，可见水对于茶的重要作用。古人对水的品格一直十分推崇。历代茶人于取水一事，颇多讲究。有人取“初雪之水”“朝露之水”“清风细雨之中的无根水”；有人则于梅林中取花瓣上的积雪，化水后以罐储之，深埋地下用以来年烹茶，历来传为佳话。烹茶用水，古人把它当作专门的学问来研究，历代都有专门著述。明人许次纾在《茶疏》中说：“精茗蕴香，借水而发，无水不可与论茶也。”张大复在《梅花草堂笔谈》中讲得更为透彻：“茶性必发于水，八分之茶，遇水十分，茶亦十分矣；八分之水，试茶十分，茶只八分耳。”可见水质直接影响到茶质，泡茶水质的好坏影响到茶的色、香、味的优劣。古人认为，只有精茶与真水的融合，才是至高的享受，是最高的境界。

唐代齐伯刍最早评天下好水　据唐代张又新《煎茶水记》记载，唐代的刘伯刍最早提出鉴水试茶，他“亲揖而比之”，提出宜茶水品七等，开列如下：扬子江金山泉水第一，无锡惠山寺石泉水第二，苏州虎丘寺石水第三，丹阳县观音寺水第四，扬州大明寺水第五，吴松江水第六，柏岩县淮水源第七。

乾隆品评天下水　清代陆以湉《冷庐杂识》记载，乾隆每次出巡，常喜欢带一只精制银斗，“精量各地泉水”，精心称重，按水的比重从轻到重，排出优次，定北京玉泉山水为“天下第一泉”，作为宫廷御用水。先秤北京玉泉山之水，斗重1两；济南珍珠泉水斗重1两2厘；扬子江金山泉水斗重1两3厘；无锡惠山泉、杭州虎跑泉水各重1两4厘；平山水重1两6厘；清凉山、白沙、虎丘及西山碧云寺诸泉水各重1两1分，都没有轻于玉泉山泉水的。泉水是清轻好，还是厚重佳，古人的认识也不一致。然宋徽宗同此说，“水以轻清甘洁为美”。乾隆故定玉泉山泉水为天下第一泉。同时，他还对雪水进行了测定，认为雪水最轻，可与玉泉水媲美，但雪水不属于泉水，所以没有列入品位。通过银斗测量后，乾隆每次出行，都是携玉泉水随行。但是，随身携带的玉泉水经过长途颠簸，滋味总不免有所下降。乾隆便采用了以水洗水之法，来“再生”玉泉水。他的方法是，用一大器皿，放上玉泉水，做好刻度记号，再加入其他同样量的泉水，搅拌，待搅定之后，有些不洁之物沉淀水底，而上面的水，清澈明亮。由于其他泉水比玉泉水重，所以，在上者就是玉泉水，倒出之后，仍然有一种新鲜感，而下层之水，弃去。据说，用这个以水洗水的方法来使泉水“复活”的效果还挺不错呢。

古人是怎样选水的　择水选源：如唐代的陆羽在《茶经》中指出：“其水，用山水上，江水中，井水下。”明代陈眉公《试茶》诗云:“泉从石出情宜洌，茶自峰生味更圆。”都认为试茶水品的优劣，与水源的关系甚为密切。

水品贵“活”：北宋苏东坡《汲江煎茶》诗中的“活水还须活火煎，自临钓石取深清”。宋代唐庚《斗茶记》中的“水不问江井，要之贵活”。南宋胡仔《苕溪渔隐丛话》中的“茶非活水，则不能发其鲜馥”。明代顾元庆《茶谱》中的“山水乳泉漫流者为上”。凡此等等，都说明试茶水品，以“活”为贵。

水味要“甘”：北宋重臣蔡襄《茶录》中认为：“水泉不甘，能损茶味。”明代田艺蘅在《煮泉小品》说：“味美者曰甘泉，气氛者曰香泉。”明代罗廪在《茶解》中主张：“梅雨如膏，万

乾隆画像

物赖以滋养，其味独甘，梅后便不堪饮。”强调的宜茶水品在于“甘”，只有“甘”才能够出“味”。

水质需“清”：唐代陆羽的《茶经·四之器》中所列的漉水囊，就是作为滤水用的，使煎茶之水清净。宋代“斗茶”，强调茶汤以“白”取胜，更是注重“山泉之清者”。明代熊明遇用石子“养水”，目的也在于滤水。

水品应“轻”：清代乾隆皇帝一生中，塞北江南，无所不至，在杭州品龙井茶，上峨眉尝蒙顶茶，赴武夷啜岩茶，他一生爱茶，是一位品泉评茶的行家。据清代陆以湉《冷庐杂识》记载，乾隆每次出巡，常喜欢带一只精制银斗，“精量各地泉水”，精心称重，按水的比重从轻到重，排出优次，定北京玉泉山水为“天下第一泉”，作为宫廷御用水。

以上诸家，对宜茶水品选择，虽都有一定的道理，但不乏片面之词。而比较全面评述的，要数宋徽宗赵佶，他在《大观茶论》中提出，宜茶水品“以清轻甘洁为美”。清人梁章钜在《归田锁记》中指出，只有身入山中，方能真正品尝到“清香甘活”的泉水。在中国饮茶史上，曾有“得佳茗不易，觅美泉尤难”之说。多少爱茶人，为觅得一泓美泉，着实花费过一番功夫。

宜茶水品的分类　山泉水：山泉水大多出自岩石重叠的山峦。山上植被繁茂，从山岩断层细流汇集而成的山泉，富含二氧化碳和对人体有益的各种微量元素；而经过砂石过滤的泉水，水质清净晶莹，氯、铁等化合物含量极少，用这种泉水泡茶，能使茶的色香味形得到最好的发挥。但也并非山泉水都可以用来沏茶，如硫磺矿泉水是不能沏茶的。另一方面，山泉水也不是随处可得。对多数茶客而言，只能视条件和可能去选择宜茶的水品了。

江、河、湖水：属地表水，含杂质较多，浑浊度较高，一般，沏茶难以取得较好的效果，但在远离人烟，又是植被生长繁茂之地，污染物较少，这样的江、河、湖水，仍不失为沏茶的好水。如浙江桐庐的富春江水、淳安的千岛湖水、绍兴的鉴湖水就是例证。唐代陆羽在《茶经》中说：“其江水，取去人远者。”说的就是这个意思。唐代白居易在诗中说：“蜀水寄到但惊新，渭水煎来始觉珍。”认为渭水煎茶很好。唐代李群玉曰：“吴瓯湘水绿花新。”说湘水煎茶也不差。明代许次纾在《茶疏》中更进一步说：“黄河之水，来自天上。浊者土色，澄之即净，香味自发。”言即使浊浑的黄河水，只要经澄清处理，同样也能使茶汤香高味醇。这种情况，古代如此，现代也同样如此。

雪水和天落水：古人称之为“天泉”，尤其是雪水，更为古人所推崇。唐代白居易的“扫雪煎香茗”，宋代辛弃疾的“细写茶经煮茶雪”，元代谢宗可的“夜扫寒英煮绿尘”，清代曹雪芹的“扫将新雪及时烹”，都是赞美用雪水沏茶的。至于雨水，一般说来，因时而异：秋雨，天高气爽，空中灰尘少，水味“清冽”，是雨水中上品；梅雨，天气沉闷，阴雨绵绵，水味“甘滑”，较为逊色；夏雨，雷雨阵阵，飞沙走石，水味“走样”，水质不净。但无论是雪水或雨水，只要空气不被污染，与江、河、湖水相比，总是相对洁净的，是沏茶的好水。遗憾的是，现在不少地区，特别是工业区，受到工业烟灰、气味的污染，使雪水和天落水也变了质、走了样。

井水：属地下水，悬浮物含量少，透明度较高。但它又多为浅层地下水，特别是城市井水，易受周围环境污染，用来沏茶，有损茶味。当然，若能汲得活水井的水沏茶，同样也能泡得一杯好茶。唐代陆羽《茶经》中说的“井取汲多者”，明代陆树声《煎茶七类》中讲的“井取多汲者，汲多则水活”，说的就是这个意思。明代焦竑的《玉堂丛语》，清代窦光鼎、朱筠的《日下归闻考》中都提到的京城文华殿东大庖井，水质清明，滋味甘洌，曾是明清两代皇宫的饮用水源。福建南安观音井，曾是宋代的斗茶用水，而今犹在。

自来水：含有消毒的氯气等，在水管中滞留较久的，还含有较多的铁质。当水中的铁离子含量超过万分之五时，会使茶汤呈褐色，而氯化物与茶中的多酚类作用，又会使茶汤表面形成一层“锈油”，喝起来有苦涩味。用自来水沏茶，最好用无污染的容器，先贮存一天，待氯气散发后再煮沸沏茶，或者采用净水器将水净化，这样就可成为较好的沏茶用水。

纯净水：采用多层过滤和超滤、反渗透技术，可将一般的饮用水变成不含有任何杂质的纯净水，并使水的酸碱度达到中性。用这种水泡茶，不仅因为净度好、透明度高，沏出的茶汤晶莹透彻，而且香气滋味纯正，无异杂味，鲜醇爽口。市面上纯净水品牌很多，大多数都宜泡茶。除纯净水外，还有质地优良的矿泉水也是较好的泡茶用水。

茶　艺

古代茶饮

唐以前人们如何饮茶？茶，自被人们发现和利用至今，经历了咀嚼鲜叶、生煮羹饮、晒干收藏、蒸青做饼、炒青散茶，乃至白茶、黄茶、黑茶、乌龙茶、红茶等多种茶类的发展过程。茶叶何时真正成为饮料，目前还没有确切的史料记载，但至少到东汉末年和三国时期，茶叶就已经作为饮料饮用。三国时期魏人张揖在《广雅》中记载了当时制茶与饮茶的方法："荆、巴间采叶作饼，叶老者，饼成以米膏出之。欲煮茗饮，先炙令赤色，捣末，置瓷器中，以汤浇覆之，用葱、姜、橘子芼（掺和之意）之。其饮醒酒，令人不眠。"这是我国关于制茶和饮茶方法的最早记载。它告诉我们，当时饮茶方法是"煮"，是将"采叶作饼"的饼茶，烤炙之后捣成粉末，掺和葱、姜、橘子等调料，再放到锅里烹煮。这样煮出的茶成粥状，饮时与作料一起喝下。已经明确指出，茶叶是作为醒酒的饮料饮用的。这种方法一直延续到唐代，只是更加讲究。

唐代　唐代茶的饮法是煮茶即烹茶、煎茶。根据陆羽《茶经》记载，唐代茶叶生产过程是"采之，蒸之，捣之，拍之，焙之，穿之，封之，茶之干矣"。饮用时，先将饼茶放在火上烤炙，然后用茶碾将茶饼碾碎成粉末，再用筛子筛成细末，放到开水中去煮。煮时，水刚开，水面出现细小的水珠像鱼眼一样，并"微有声"，称为一沸。此时加入一些盐到水中调味。当锅边水泡如涌泉连珠时，为二沸，这时要用瓢舀出一瓢开水备用，以竹夹在锅中心搅拌，然后将茶末从中心倒进去。稍后锅中的茶水“腾波鼓浪”，“势若奔涛溅沫”，称为三沸，此时要将刚才舀出来的那瓢水再倒进锅里，一锅茶汤就算煮好了。如果再继续烹煮，陆羽认为“水老不可食也”。最后，将煮好了的茶汤舀进碗里饮用。“凡煮水一升，用末（茶末）方寸匕，若好薄者减，嗜浓者增”，“凡煮水一升，酌分五碗，乘热连饮之”。前三碗味道较好，后两碗较差。五碗之外，“非渴其莫之饮”。这是当时社会上较盛行的饮茶方法。

因茶叶有不同种类，《茶经》记载：“饮有粗茶、散茶、末茶、饼茶者”，所以还存在另一种方法，“乃斫、乃熬、乃炀、乃舂，贮于瓶缶之中，以汤沃焉，谓之阉茶”。即将饼茶舂成粉末放在茶瓶中，再用开水冲泡，而不用烹煮，这是末茶的饮用方法。

还有一种方法是：“或用葱、姜、枣、橘皮、茱萸、薄荷之等，煮之百沸，或扬令滑，或煮去沫，斯沟渠间弃水耳，而习俗不已。”被陆羽视为沟间废水的这种饮茶法，就是《广雅》所记述的荆巴地区的煮茗方法，从三国到唐代数百年来一直在民间流传。这是从古代以茶作为菜羹到以茶作为单纯的饮料之间的过渡形态，即古代以茶为菜羹时，可能也是和一些作料放在一起煮，并且既然作为菜食，一定也会加盐才好下饭。后来不再做菜食，而是煮成茶汤作为饮料，但还是和一些作料一块熬煮，以减轻茶叶的苦涩，保持原有的口味。也许是这个原因，尽管陆羽反对用葱姜橘皮等来煮茶，却保留加盐的做法，因为自古以来茶汤的味道就是带有咸味的。由于不加其他作料，茶的真味容易显现，日益为饮茶者所追求，到了宋代，就不再加盐了。

宋代　到了宋代，盛行的是点茶法。点茶程序为炙茶、碾罗、烘盏、候汤、击拂、烹试，其关键在候汤和击拂。点茶法是在唐代阉茶法基础上发展而成的。陆羽《茶经》说："茶有粗茶、散茶、末茶、饼茶者，乃斫、乃熬、乃炀、乃舂，贮于瓶缶之中，以汤沃焉，谓之阉茶。"阉茶的特点是投茶入瓶，以汤沃之。而点茶是由阉茶发展而来的。点茶沿阉茶之路向前走了一步，其烹茶步骤是将茶投入盏中，注入少量沸水调成糊状，谓之"调膏"，然后将沸水倒入深腹长嘴瓶内，再倾瓶注水入盏，或以瓶煎水，然后直接向盏中注入沸水，与此同时用茶筅搅动，茶末上浮，形成粥面。

据宋代蔡襄的《茶录》记载，宋代的点茶主要特点是，先将饼茶烤炙，再敲碎碾成细末，用茶罗将茶末筛细，"罗细则茶浮，罗粗则末浮"。"钞茶一钱匙，先注汤调令极度匀。又添注入，环回击拂，汤上盏可四分则止。视其面色鲜白，着盏无水痕为佳"。即将筛过的茶末放入茶盏中，注入少量开水，搅拌得很均匀，再注入开水，用一种竹制的茶筅反复击打，使之产生泡沫（称为汤花），达到茶盏边壁不留水痕者为最佳状态。点茶法和唐代的烹茶法最大不同之处就是不再将茶末放到锅里去煮，而是放在茶盏里，用瓷瓶烧开水注入，再加以击拂，产生泡沫后再饮用，也不添加食盐，保持茶叶的真味。点茶法从宋代开始传入日本，流传至今。现在日本茶道中的抹茶道采用的就是点茶法。

宋代斗茶法。斗茶是始于晚唐，盛于宋元的品评茶叶质量高低和比试点茶技艺高下的一种茶艺，这种以点茶方法进行评茶及比试茶艺技能的竞赛活动，也是流行于宋元的一种游戏。斗茶实际上就是茶艺比赛，通常是二三或三五知己聚在一起，煎水点茶，互相评审，看谁的点茶技艺更高明，点出的茶色、香、味比别人更佳。还有两条具体标准，一是斗色，看谁的茶汤表面的色泽和均匀程度，鲜白者为胜。二是斗水痕，看茶盏内的汤花与盏内壁相接处有无水痕，水痕少者为胜。斗茶时所使用的茶盏是黑色的，它更容易衬托出茶汤的白色，茶盏上是否附有水痕也更容易看出来。因此，当时福建生产的黑釉茶盏最受欢迎。

明代朱权饮茶。朱权（1378至1448年），明太祖朱元璋第十六子，封宁王。朱权自幼聪颖过人，晚年信奉道教，潜心茶道，著《茶谱》。《茶谱》全书除绪论外，分十六则。在其绪论中，简洁地道出了茶事是雅人之事，用以修身养性，绝非白丁可以了解。“盖羽多尚奇古，制之为末，以膏为饼。至仁宗时，而立龙团、凤团、月团之名，杂以诸香，饰以金彩，不无夺其真味。然天地生物，各遂其性，莫若叶茶。烹而啜之，以遂其自然之性也。予故取烹茶之法，末茶之具，崇新改易，自成一家。”标意甚明，书中所述也多有独创。

正文首先指出茶的功用有“助诗兴”“伏睡魔”“倍清淡”“中利大肠，去积热化痰下气”“解酒消食，除烦去腻”的作用。朱权认为纷纭众多的茶书之中，惟有陆羽和蔡襄得茶之真谛。他还认为饼茶不如叶茶，因叶茶保存了茶叶自然的色香、形味，后人无不欣然改变原来的饮茶之法而以开水冲叶茶。朱权指出饮茶的最高境界：“会泉石之间，或处于松竹之下，或对皓月清风，或坐明窗静牖，乃与客清淡款语，探虚立而参造化，清心神而出神表。”

《茶谱》记载的饮茶器具有炉、灶、磨、碾、罗、架、匙、筅、瓯、瓶等。《茶谱》从品茶、品水、煎汤、点茶四项谈饮茶方法。朱权认为品茶应品谷雨茶，用水当用“青城山老人村杞泉水”“山水”“扬子江心水”“庐山康王洞帘水”，煎汤要掌握“三沸之法”，点茶要“经烘盏”“注汤小许调匀”“旋添入，环回击拂”等程序，并认为“汤上盏可七分则止，着盏无水痕为妙”。制茶方法有收茶、熏香茶法。

钱椿年的“煎茶四要”。椿年，字宾桂，江苏常熟人，其《茶谱》作于嘉靖九年（1530年）前后。《茶谱》一书分茶略、茶品、茶艺等九部分。其中“煎茶四要”“点茶三要”写得简洁实用。

“煎茶四要”，指选择好水、洗茶、候汤、择品。煎茶的水如果不甘美，会严重损害茶的香味；烹茶之前，先用热水冲洗茶叶，除去茶的尘垢和冷气，这样，烹出的茶水味道甘美；煎汤须小火烘、活火煮。活火指有焰的木炭火，煎汤时不要将水烧得过沸，才能保存茶的精华；茶瓶宜选小点的，容易控制水沸的程度，点茶注水时也好掌握分寸，茶盏宜用建安的兔毫盏。

“点茶三要”，指涤器、烘盏、择品。点前先将茶器洗净；烘盏是茶面聚乳的关键；烹点之际，不宜以珍果香草杂之。能夺香的有松子、柑橙、杏仁、莲心、木香、梅花、茉莉、蔷薇、木樨之类，能夺色的有柿饼、胶枣、火桃、杨梅、橙桔之类。想饮好茶，只有去掉各种花果才能真正品味茶的清纯甘美。如果同时夹杂花果香料，茶的真香、真味、真色就会被混淆而分辨不出。如果一定说饮茶时需要佐食茶果，那么，核桃、榛子、瓜仁、枣仁、菱米、榄仁、栗子、鸡头米、银杏、山药、笋干、芝麻、莴苣、芹菜等经过精加工的或许还可以用些。

明人许次纾《茶疏》中提到茶的品饮。许次纾（1549至1604年），字然明，号南华，明钱塘人。《茶疏》撰于明万历二十五年（1597年）。《茶疏》对沏茶方法有独到见解，手中撮茶，把热水注入茶壶，然后迅速把茶投入开水中并把壶盖严。等大约呼吸三次的时间后，把茶水全部倒在盂中，然后再把茶倒入壶中，等大约呼吸三次的时间，让茶叶下沉，然后把茶水倒在茶瓯中，献给客人。

许次纾认为："汤铫瓯注，最宜燥洁，每日晨兴，必以沸汤烫涤，用极度熟黄麻巾，向内拭干，以竹编架，覆而皮之燥处。烹时北苑将期献天子，林下雄豪先斗美。随意取用。修事既毕。瓯中残沉，必倾去之，以俟再斟，如或存之，夺香败味。"他认为秋茶品质甚佳，七八月可采一遍。

> 鼎磨云外首山铜，瓶携江上中泠水。
> 黄金碾畔绿尘飞，碧玉瓯中翠涛起。
> 斗茶味兮轻醍醐，斗茶香兮薄兰芷。
> 其间品第胡可欺，十目视而十手指。
> 胜若登仙不可攀，输同降将无穷耻。
> 范仲淹《和章岷从事斗茶歌》

许次纾还认为，量小方益于品味。一壶之茶，只堪再巡。若巨器屡巡，满中泻饮，待停少温，或求浓苦，何异农匠作劳，但需涓滴，何论品赏，何知风味乎？

许次纾在《茶疏》中更进一步说："黄河之水，来自天上。浊者土色，澄之即净，香味自发。"言即使浊浑的黄河水，只要经澄清处理，同样也能使茶汤香高味醇。

许次纾认为品茶应于自然环境、人际关系、茶人心态联系，把饮茶作为高雅的精神享受而执着地追求。许次纾强调："惟素心同调，彼此畅适，清言雄辩，脱略形骸，始可呼童篝火，酌水点汤。"其实，茶人相聚并不在意于嗜茶与不嗜茶，而在意于是否合乎"茶理"，就是追求和谐。天与人、人与人、人与境、茶与水、茶与具、水与火，以及情与理，这相互之间的协调融和，是饮的精义所在。

据《茶疏》之说，最宜于饮茶的时间和环境：心手闲适，披咏疲倦，意绪棼乱，听歌拍曲，歌罢曲终，杜门避事，鼓琴看画，夜深共语，明窗净几，佳客小姬，访友初归，风日晴和，轻阴微雨，小桥画舫，茂林修竹，荷亭避暑，小院焚香，酒阑人散，儿辈斋馆，清幽寺观，名泉怪石。

宜辍：作事、观剧、发书柬、大雨雪、长筵大席、阅卷帙、人事忙迫及与上宜饮时相反事。

不宜用：恶水、敝器、铜匙、铜铫、木桶、柴薪、麸炭、粗童、恶婢、不洁巾及各色果实、香药。

不宜近：阴屋、厨房、市喧、小儿啼、野性人、童奴相哄、酷热斋舍。

饮茶之法

泡好一壶茶或一杯茶。

要泡好一壶茶，既要讲究实用性、科学性，又要讲究艺术性。

泡茶用水：古人对泡茶用水的选择，一是甘而洁，二是活而鲜，三是贮水得法。现代科学技术的进步提出了科学的水质标准，卫生饮用水的水质标准规定了感官指标、化学指标、毒理学指标和细菌指标等内容。泡茶用水，一般都用天然水，天然水按来源可分为泉水（山水）、溪水、江水（河水）、湖水、井水、雨水、雪水等。自来水是通过净化后的天然水。自来水有时使用过量氯化物消毒，气味很重，可先将水贮存在罐中，放置24小时后再用火煮沸泡茶。水的硬度和茶品质关系密切。水的PH值大于5时，汤色很深，PH值达到7时，茶黄素倾向于自动氧化而消失。软水易溶解茶叶有效成分，故茶味较浓。另外，水中的含铅量达到0.2毫升／千克时，茶叶变苦；镁含量大于2毫升／千克时，茶味变淡；钙含量大于2毫升／千克时，茶味变涩；若达到4毫升／千克时，茶味变苦。因此泡茶宜选软水或暂时硬水为好。在天然水中，雨水和雪水属软水，溪水、泉水、江水（河水）属暂时硬水，部分地下水为硬水，蒸馏水为人工软水。

泡茶器皿：古代茶之器皿很多，陆羽《茶经》里列举了煮茶和饮茶的29种器皿，如今的茶具已无取水用具、煮水用具等，通常是指茶壶、茶杯、茶碗、茶盘、茶盅、茶托等饮茶用具。东北、华北一带，多数人喜喝花茶，一般常用较大的瓷壶泡茶，然后斟入瓷杯饮用。江南一带，普遍爱好喝绿茶，多用有盖瓷壶泡茶。福建、广东、台湾以及东南亚一带，特别喜爱乌龙茶，宜用紫砂器具。四川、安徽地区流行喝盖碗茶，盖碗由碗盖、茶碗和茶托三部分组成。喝西湖龙井等名绿茶，则选用无色透明玻璃杯最理想。品饮名绿茶和细嫩绿茶，无论使用何种茶杯，均宜小不宜大，否则，大热量容易使茶叶烫熟。

除以上常用泡茶器皿外，还有一些配套茶具，如放茶壶用的茶船（又名茶池，有盘形、碗形两种）；盛放茶汤用的茶盅（又名茶海）；尝茶时盛用的茶荷；沾水用的茶巾；舀水用的茶匙；放置茶杯用的茶盘和茶托；专门存放茶叶用的铁罐、陶罐、木罐等贮茶器具。

泡茶用量：茶叶用量为泡茶三要素（用量、水温、冲泡时间和次数）之首。茶叶种类繁多，泡茶时茶叶用量各异，还要考虑泡茶用具大小和饮茶者的习惯。冲泡一般红、绿茶，茶与水的比例大致掌握在1比50或1比60，即每杯放3克左右茶叶，加沸水150至200毫升。如饮用普洱茶、乌龙茶，每杯放茶量5至10克，如用茶壶冲泡，则按茶壶容量大小适当掌握比例，投入量为茶壶容积的一半，或更多。

泡茶水温：泡茶水温的掌握因茶而定。高级绿茶，特别是芽叶细嫩的名绿茶，一般用80度左右的沸水冲泡。水温太高容易破坏茶中维生素C，咖啡因容易析出，致使茶汤变黄，滋味较苦。饮泡各种花茶、红茶、中低档绿茶，则要用90至100度的沸水冲泡，如水温低，茶叶中有效成分析出少，茶叶味淡。冲泡乌龙茶、普洱茶和沱茶，因每次用茶量较多而且茶叶粗老，必须用100度的沸滚开水冲泡。少数民族饮用的紧压茶，则要求水温更高，将砖茶敲碎熬煮。

通常茶叶中的有效物质在水中的溶解度跟水温成正相关，60度温水浸出的有效物质只相当于100度沸水浸出量的45%至65%。

冲泡时间：冲泡茶叶的时间和次数相关。茶叶冲泡时间与茶叶种类、用茶量、水温和饮茶习惯都有关系。冲泡时间以茶汤浓度适合饮用者的口味为标准，一般，用茶量多，水温高。细嫩红绿碎茶，冲泡时间宜短，3至5分钟即可。冲泡次数一至三次为宜，随着冲泡次数，冲泡时间应适当延长。冲泡时最好先倒少量开水，浸没茶叶，再加满至七八成，便可趁热饮用，当喝至杯中剩三分之一左右茶汤时再加开水二次冲泡，继续喝至三分之一茶汤时，再冲泡第三次，这样可使前后茶汤浓度比较均匀。冲泡乌龙茶的次数可达五至七次，又由于其多用小型紫砂壶，冲泡时间较短，一般约2分钟左右，第一泡1分钟就要倒出来，从第二泡开始渐渐要15至30秒的冲泡时间，这样前后茶汤浓度才比较均匀。

家中有多种茶叶的安排饮用。有些人在一天中，不同时间饮用不同的茶叶，清晨喝一杯淡淡的高级绿茶，醒脑清心；上午喝一杯茉莉花茶，芬芳怡人，可提高工作效率；午后喝一杯茶，解困提神；下午工间休息时喝一杯牛奶或喝一杯高级绿茶加点点心、果品，补充营养；晚上可以找几位朋友或家人团聚一起，泡上一壶乌龙茶，边谈心边喝茶，别有一番情趣。这种一日饮茶日程巧安排，你如果有兴趣，不妨也试一试。

调制牛奶红茶　很多年轻人喜欢饮用用美味可口的牛奶冲泡的红茶。配制方法：先将适量红茶放入茶壶中，茶叶用量比清饮稍多些，然后冲入热开水，约5分钟后，从壶嘴倒出茶汤放在咖啡杯中。如果是红茶袋泡茶，可将一袋茶连袋放在咖啡杯中，用热开水冲泡5分钟，弃去茶袋。然后往茶杯中加入适量牛奶和方糖，牛奶用量以调制成的奶茶呈橘红或黄红色为度。奶量过多，汤色灰白，茶香味淡薄；奶量过少，失去奶茶风味。糖的用量因人而易，以适口为度。

用枸杞子、西洋参、白菊花、橘皮、薄荷等加在茶叶中泡茶。枸杞子泡茶：有滋补抗衰的作用。《本草经疏》对枸杞子之功效作过较全面的论述："枸杞子，润而滋补，兼能退热，而专于补肾、润肺、生津、益气，为肝肾真阴不足、劳乏内热补益之要药。老人阴虚十之七八，故服食家为益精明目之上品。"枸杞子泡茶喝，不但对肝肾阴虚所致的头晕目眩、视力减退、腰膝酸软、遗精等久服甚效，而且对高血脂、高血压、动脉硬化、糖尿病等也有一定的疗效。

枸杞

西洋参片泡茶：可以利用西洋参味甘辛凉的性质，调整茶味，而且西洋参补阴虚效果甚佳。这种西洋参茶常有良好的益肺养胃、滋阴津、清虚火、去低热的功效。

白菊花泡茶：发挥白菊花平肝潜阳、疏风清热、凉血明目的功效；白菊花清香味甘，泡茶喝可增进茶汤香味，适口性好。

橘皮泡茶：可以利用橘皮宽中理气、消痰止咳的功效。橘皮泡绿茶，可去热解痰、抗菌消炎，故咳嗽多痰者饮之有益。

薄荷泡茶：利用薄荷中薄荷醇、薄荷酮的疏风清热作用，泡茶喝之有清凉感，是清热、利尿的良药。

龙井茶　龙井，既是茶的名称，又是茶种名、地名、寺名、井名，可谓“五名合一”。“龙井茶，虎跑水”则被称为杭州双绝。“小杯啜乌龙，虎跑品龙井”，可以说是我国茶人崇尚洒脱自然，清饮雅赏品茶艺术的两种代表性方法。西湖龙井茶的冲泡一般分赏干茶、品泉、温润泡、再冲泡、品茶等几个步骤。

赏干茶：西湖龙井茶素以色绿、香郁、味甘、形美四绝著称于世。按产地不同有“狮”“龙”“云”“虎”“梅”之别，品质历来以狮峰最佳。龙井干茶的外形扁平光滑，状似莲心、雀舌，色泽嫩绿油润。闻一闻干茶，带有一种淡雅的清香。

品泉：西湖泉水众多，有玉泉、龙井泉、虎跑泉和狮峰泉等，水质以虎跑泉最优。这种泉水含有较多的二氧化碳和对人体有益的营养元素，水色清澈明亮，滋味甘洌醇厚。虎跑泉水分子密度高，表面张力大，泉水高出杯沿2至3毫米而不外溢。

温润泡：龙井茶的冲泡，一般选用无色透明、晶莹剔透的玻璃杯，或青花白瓷茶盏。每杯撮上3克茶，加水至茶杯或茶碗的五分之一至四分之一。水温则掌握在80度左右，让茶叶吸收温热和水湿，以助舒张。水温过高，嫩芽叶会产生泡熟味；水温太低，则香气、滋味透发不出来。

再冲泡：提壶高冲，水柱沿杯碗壁冲入，茶与水的比例掌握在1比50，水仍在80度左右。

品茶：品龙井茶，无疑是一种美的享受。品饮时，先应慢慢提起清澈明亮的杯子，细看杯中翠叶碧水，观察多变的叶姿。尔后，将杯送入鼻端，深深地嗅一下龙井茶的嫩香，使人舒心清神。看罢、闻罢，然后缓缓品味，清香、甘醇、鲜爽应运而生。此情此景，正如清人陆次纾所云："龙井茶真者，甘香如兰，幽而不冽，啜之淡然，似乎无味。饮过之后，觉有一种太和之气，弥沦齿颊之间，此无味之味，乃至味也。"这就是品龙井茶的动人写照。

名优绿茶　绿茶是中国产茶区域最广泛的茶类，全国各产茶省均有生产。正因为如此，在中国，东南西北中，无论是城镇还是乡村，饮用最为普遍。大凡高档细嫩名绿茶，一般选用玻璃杯或白瓷杯饮茶，而且无须用盖，这样一则便于人们赏茶观姿，二则防嫩茶泡熟，失去鲜嫩色泽和清鲜滋味。至于普通绿茶，因不注重欣赏茶的外形和汤色，而在品尝滋味，或佐食点心，也可选用茶壶泡茶，这叫做"嫩茶杯泡，老茶壶抱"。

泡饮之前，先欣赏干茶的色、香、形。名茶的造型或条，或扁，或螺，或针等名茶的色泽或碧绿，或深绿，或黄绿，名茶香气或奶油香，或板栗香，或清香，充分领略各种名茶的天然风韵，称为"赏茶"。

采用透明玻璃杯泡饮细嫩名茶，便于观察茶在水中的缓慢舒展、游动、变幻过程，称为"茶舞"。然后视茶叶的嫩度及茶条的松紧程度，分别采用“上投法”“下投法”。“上投法”即先冲水后投茶，适用于特别细嫩的茶，如碧螺春、蒙顶甘露、径山茶、庐山云雾、涌溪火青，等等。先将摄氏75至85度的沸水冲入杯中，然后取茶投入，茶叶便会徐徐下沉。下投法即先投茶后注水，适合于茶条松展的茶，如六安瓜片、太平猴魁等。在冲泡茶过程中，品饮者可以看茶的展姿，茶汤的变化，茶烟的弥散，以及最终茶与汤的成相，汤面水气夹着茶香缕缕上升，如云蒸霞蔚，趁热嗅闻茶香，令人心旷神怡。

品尝茶汤滋味，宜小口品啜，让茶汤与舌头味蕾充分接触，此时舌与鼻并用，边品味边品香，顿觉沁人心脾。此谓头泡茶，着重品尝茶的鲜味和香气，饮至杯中茶汤尚余三分之一水量时，再续加水，谓之二泡茶，此时茶味正浓，饮后齿颊留香，身心愉悦。至三泡，茶味已淡。

乌龙茶　乌龙茶，即青茶，属半发酵茶类，是介于绿茶和红茶之间的一类茶叶。按产区可分为闽北、闽南、广东和台湾。乌龙茶的特点是“绿叶红镶边”，滋味醇厚回甘，既没有绿茶之苦涩，又没有红茶的浓烈，却兼取绿茶之清香，红茶的甘醇。品饮乌龙茶有“喉韵”之特殊感受，武夷岩茶有“岩韵”，安溪铁观音有“音韵”。人们常说的“功夫茶”并非茶之种类，而是指一种品茗的方法，其“功夫”所在讲究“水为友，火为师”。

品尝乌龙茶讲究环境、心境、茶具、水质、冲泡技巧和品尝艺术。

福建泡法：福建是乌龙茶的故乡，花色品种丰富，主要有武夷岩茶、铁观音、水仙、肉桂、色种、黄金桂等。品尝乌龙茶有一套独特的茶具，讲究冲泡法，故称为“功夫茶”。如果细分起来可有近20道流程，主要有倾茶入则、鉴赏侍茗、孟臣淋霖、乌龙入宫、悬壶高冲、推泡抽眉、春风拂面、重洗仙颜、若琛出浴、玉液回壶、游山玩水、关公巡城、韩信点兵、三龙护鼎、细品佳茗等。

冲泡乌龙茶宜用沸开之水，煮至“水面若孔珠，其声若松涛，此正汤也”。按茶水1比30的量投茶。接着将沸水冲入，满壶为止，然后用壶盖刮去泡沫。盖好后，用开水浇淋茶壶，喻为“孟臣沐霖”，既提高壶温，又洗净壶的外表。经过两分钟，均匀巡回斟茶，喻为“关公巡城”。茶水剩少许后，则各杯点斟，喻为“韩信点兵”，以免淡浓不一。冲水要高，让壶中茶叶流动促进出味，低斟则防止茶香散发，这叫“高冲低斟”。端茶杯时，宜用拇指和食指扶住杯身，中指托住杯底，喻为“三龙护鼎”。品饮乌龙，味以“香、清、甘、活”者为上，讲究“喉韵”，宜小口细啜。初品者体会是一杯苦，二杯甜，三杯味无穷，嗜茶客更有“两腋清风起，飘然欲成仙”之感。品尝乌龙时，可备茶点，一般以咸味为佳，不会掩盖茶味。

广东潮汕泡法：广东潮州、汕头一带，几乎家家户户、男女老少钟情于用小杯细啜乌龙。与之配套的茶具，如风炉、烧水壶、茶壶、茶杯，人称“烹茶四宝”，即玉书碨、潮汕炉、孟臣罐、若琛瓯。潮汕炉是一只粗陶炭炉，专作加热之用。玉书碨是一把瓦陶壶，高柄长嘴，架在风炉之上，专作烧水之用。孟臣罐是一把比普通茶壶小一些的紫砂壶，专作泡茶之用。若琛瓯是个只有半个乒乓球大小的杯子，通常三至五只不等，专供饮茶之用。潮汕产的凤凰单枞，条索粗壮，体形膨松，置阵臣罐比较费事，故也有用盖碗代壶泡茶的。

泡茶用水应选择甘洌的山泉水，而且必须做到沸水现冲。经温壶、置茶、冲泡、斟茶入杯，便可品饮。啜茶方式更为奇特，先要举杯将茶汤送入鼻端闻香，只觉浓香透鼻。接着用拇指和食指按住杯沿，中指托住杯底，举杯倾茶汤入口，含汤在口中回旋品味，顿觉口有余甘。一旦茶汤入肚，口中“啧！啧！”回味，又觉鼻口生香，咽喉生津，两腋生风，回味无穷。这种饮茶方式，其目的并不在于解渴，主要是在于鉴赏乌龙茶的香气和滋味，重在物质和精神享受。所以，凡“有朋自远方来”，对啜乌龙茶都“不亦乐乎”！

台湾泡法：台湾泡法与闽南和广东潮汕地区的乌龙茶冲泡方法相比，它突出了闻香这一程序，还专门制作了一种与茶杯相配套的长筒形闻香杯。另外，为使各杯茶汤浓度均等，还增加了一个公道杯相协调。

台湾冲泡法，在温具、赏茶、置茶、闻香、冲点等程序与福建相似，斟茶时，先将茶汤倒入闻香杯中，并用品茗杯盖在闻香杯上。茶汤在闻香杯中逗留15至30秒后，用拇指压住品茗杯底，食指和中指挟住闻香杯底，向内倒转，使原来品茗杯与闻香杯上下倒转。此时，用拇指、食指和中指撮住闻香杯，慢慢转动，使茶汤倾入品茗杯中。将闻香杯送近鼻端闻香，并将闻香杯在双手的手心间，一边闻香，一边来回搓动。这样可利用手中热量，使留在闻香杯中的香气得到充分挥发。然后，观其色，细细品饮乌龙之滋味。如此经二至三道茶后，可不再用闻香杯，而将茶汤全部倒入公道杯中，再分斟到品茗杯中。

红茶　相对于绿茶（不发酵茶）的清汤绿叶，红茶（发酵茶）的特点是红汤红叶。红茶的种类很多，以大类而言有小种红茶、工夫红茶、红碎茶之分。17世纪中后期，福建崇安一带首先出现小种红茶制法，后又发展了工夫红茶制法。19世纪，我国的红茶制法传到印度和斯里兰卡。之后，途渐发展成将叶片切碎的“红碎茶”。小种红茶是福建省特有的一种红茶，红汤红叶，有松烟香，味似桂圆汤。产于福建崇安县星村乡桐木关的“正山小种”，品质最好。

工夫红茶的工艺关键全在“工夫”二字，外披金黄毫，香浓、味重的工夫红茶是品质最优者。著名的工夫红茶有安徽祁门的“祁红”、云南的“滇红”、福建的“闽红”、湖北的“宜红”和江西的“宁红”。

红碎茶是茶叶揉捻时，用机器将叶片切碎呈颗粒型碎片，因外形细碎，故称红碎茶。

鉴别红茶优劣的两个重要感官指针是“金圈”和“冷后浑”。茶汤贴茶碗一圈金黄发光，称“金圈”。“金圈”越厚，颜色越金黄，红茶的品质越好。所谓“冷后浑”是指红茶经热水冲泡后茶汤清澈，待冷却后出现浑浊现象。“冷后浑”是茶汤内物质丰富的标志。

红茶既适于杯饮，也适于壶饮法。红茶品饮有清饮和调饮之分。清饮，即不加任何调味品，使茶叶发挥应有的香味。清饮法适合于品饮工夫红茶，重在享受它的清香和醇味。先准备好茶具，如煮水的壶，盛茶的杯或盏等。同时，还需用洁净的水，一一加以清洁。如果是高档红茶，以选用白瓷杯为宜，以便观色。将3克红茶放入白瓷杯中。若用壶泡，则按1比50的茶水比例，确定投茶量。然后冲入沸水，通常冲水至八分满为止。红茶经冲泡后，通常经3分钟后，即可先闻其香，再观察红茶的汤色。这种做法，在品饮高档红茶时尤为时尚。至于低档茶，一般很少有闻香观色的。待茶汤冷热适口时，即可举杯品味。尤其是饮高档红茶，饮茶人需在品字上下功夫，缓缓啜饮，细细品味，在徐徐体察和欣赏之中，品出红茶的醇味，领会饮红茶的真趣，获得精神的升华。

调饮法是在茶汤中加调料，以佐汤味的一种方法。较常见的是在红茶茶汤中加入糖、牛奶、柠檬片、咖啡、蜂蜜或香槟酒等，也有的在茶汤中同时加入糖、柠檬、蜂蜜和酒同饮，或置冰箱中制作出不同滋味的清凉饮料，都别有风味。如果品饮的红茶属条形茶，一般可冲泡二至三次。如果是红碎茶，通常只冲泡一次；第二次再冲泡，滋味就显得淡薄了。

红茶饮用比较讲究的是清饮名优工夫红茶，工夫红茶包括著名的祁红、滇红等，红茶重视外形的条索紧细纤秀，内质的香高色艳味醇。品饮工夫红茶重在品字，多用白瓷杯冲泡法，取3至5克红茶入杯，然后冲入沸水，加盖，几分钟后先闻其香，再观其色，后品其味。

我国少数民族和欧美各国饮用红茶多为调饮，即在茶汤中加入糖、奶、柠檬片、咖啡、蜂蜜或香槟酒等，别具风味。

普洱茶　云南普洱茶，泛指云南原思普区用云南大叶种茶树的鲜叶，经杀青、揉捻、晒干而制成的晒青茶，以及用晒青压制成各种规格的紧压茶，如普洱沱茶、普洱方茶、七子饼茶、藏销紧茶、团茶、竹筒茶等。

普洱散茶外形条索肥硕，色泽褐红，呈猪肝色或带灰白色。普洱沱茶，外形呈碗状。普洱方茶呈长方形。七子饼茶形似圆月，七子为多子、多孙、多富贵之意。

通常的泡饮方法是，将10克普洱茶倒入茶壶或盖碗，冲入500毫升沸水。先洗茶，将普洱茶表层的不洁物和异物洗去，才能充分释放出普洱茶的真味。再冲入沸水，浸泡5分钟。将茶汤倒入公道杯中，再将茶汤分斟入品茗杯，先闻其香，观其色，尔后饮用。汤色红浓明亮，香气陈香独特，叶底褐红色，滋味醇厚回甜，饮后令人心旷神怡。普洱茶饮用时用特制的瓦罐在火膛上烤后加盐巴品饮。此外，也有加猪油或鸡油煎烤油茶，还有的打成酥油茶。

白茶　白茶的制法特殊，采摘白毫密披的茶芽，不炒不揉，只分萎凋和烘焙两道工序，使茶芽自然缓慢地变化，形成白茶的独特品质风格，因而白茶的冲泡是富含观赏性的过程。

以冲泡白毫银针为例说明之。为便于观赏，茶具通常以无色无花的直筒形透明玻璃杯为好，这样可使品茶从各个角度，欣赏到杯中茶的形和色，以及它们的变幻和姿态。先赏茶，欣赏干茶的形与色。白毫银针外形似银针落盘，如松针铺地。将2克茶置于玻璃杯中，冲入70度的开水少许，浸润10秒钟左右，随即用高冲法，同一方向冲入开水。静置3分钟后，即可饮用。白茶因未经揉捻，茶汁很难浸出，汤色和滋味均较清淡。

黄茶　黄茶中的黄芽茶（另有黄小茶、黄大茶），完全用春天萌发出的芽头制成，外形壮实笔直，色泽金黄光亮，极富个性。

以君山银针冲泡为例说明之。先赏茶，洁具，擦干杯中水珠，以避免茶芽吸水而降低茶芽竖立率。置茶3克，将70度的开水先快后慢冲入茶杯，至二分之一处，使茶芽湿透。稍后，再冲至七八分杯满为止。为使茶芽均匀吸水，加速下沉，这时可加盖，经5分钟后，去掉盖。在水和热的作用下，茶姿的形态，茶芽的沉浮，气泡的发生等，都是其他茶冲泡时罕见的，只见茶芽在杯中上下浮动，最终个个林立，人称“三起三落”，这是冲泡君山银针的特有氛围。

花茶 在国际市场上泛指添加香料的茶，不管其香源来自鲜花抑或是化学合成的添加香料。但在我国，花茶窨制都采用新鲜花朵，尤以茉莉花为多。窨制花茶的茶胚以绿茶为多，也用红茶和乌龙茶，窨制花茶用的香花有茉莉花、玫瑰花、珠兰花、玉兰花、栀子花、桂花、柚子花、玳玳花、菊花等。有人说，花茶融茶味之美、鲜花之香于一体，是诗一般的茶。

品饮花茶先看茶胚质地，好茶才有适口的茶味，其次看蕴含香气如何。这有三项质量指标：一是香气的鲜灵度（香气的新鲜灵活程度，与香气的陈、闷、不爽相对），二是香气浓度，三是香气的纯度。

一般品饮花茶的茶具，选用白色的有盖的白瓷杯，或盖碗（配有茶碗、碗盖和茶托），如冲泡茶胚特别细嫩的花茶，为提高艺术欣赏价值，也有采用透明玻璃杯的。

泡饮花茶，首先欣赏花茶外观，花茶有一些显眼的花干，那是为了“锦上添花”。人为加入的花干没有香气，因此不能看花干多少而论花茶香气、质量的高低。

花茶泡饮，以维护香气不致无效散失和显示茶胚特质美为原则。冲泡茶胚细嫩的高级花茶，宜用玻璃茶杯，水温在85度左右，加盖，观察茶在水中漂舞、沉浮，以及茶叶徐徐开展，复原叶形，渗出茶汁，汤色的变化过程，称之为“目品”。3分钟后，揭开杯盖，顿觉芬芳扑鼻而来，精神为之一振，称为“鼻品”，茶汤在舌面上往返流动一二次，品尝茶味和汤中香气后再咽下，此味令人神醉，此谓“口品”。

冲泡中低档花茶，不强调观赏茶胚形态，宜用白瓷杯或茶壶，用100度沸水冲，加盖。

紧压茶　是我国边区少数民族喜欢的一种茶类。藏族习惯将砖茶调制成酥油茶饮用，而蒙古族和维吾尔族喜欢饮用奶茶。

藏族人烹煮酥油茶的方法是，先将砖茶切开捣碎，加水烹煮，然后滤清茶汁，倒入预先放有酥油和食盐的搅拌器中，不断搅拌，使茶汁与酥油充分混合成乳白色的汁液，最后倾入茶壶，以供饮用。藏族人多用早茶，饮过数杯后，在最末一杯饮到一半时，即在茶中加入黑麦粉，调成粉糊，称为糟粑。午饭时喝茶，一般多加麦面、奶油及糖调成糊状热食。

蒙古族人饮茶，城市和农村采用泡饮法，牧区则用铁锅熬煮，放入少量的食盐，称为咸茶。这是日常的饮法，遇有宾客来临和节日喜庆，则多饮奶茶。奶茶的烹煮方法是，先将青砖茶或黑砖茶切开捣碎，用水煮沸数分钟，除去茶渣，放进大锅，掺入牛奶，加火煮沸，然后放进铜壶，再加食盐，即成咸甜可口的奶茶。维吾尔族人的煮茶方法和蒙古族人相类似，但饮法上有一个很大的特点，像我们平常吃青菜一样，连汤带叶一起下肚，藉以弥补水果、蔬菜的不足。

煨茶　云南南部少数民族如傣族、佤族等，习惯饮用煨茶，煨茶的调制方法与烤茶类似，只是所用茶叶不同，煨茶用的是从茶树上采下的一芽五六叶的新鲜嫩枝茶，带回家中，坐在火塘旁边，放在明火上烘烧至焦黄后，再放入茶罐内煮饮。这类茶叶因未经揉制，茶味较淡，还略带苦涩味和青气。

腌茶　腌茶流行在云南少数民族地区。这种茶的制法比较简单，将采下的新鲜茶叶立即放入灰泥缸内，用重盖子压紧，边放边压，直到压满为止，几个月后，即成为腌茶。然后把它取出紧紧地捆在竹筐中，挑到市场上出售，这种茶只能湿不能干，干了就不受欢迎了。一般雨季制腌茶，旱季制日晒茶。腌茶的吃法是，与香料拼和后细嚼。

基诺族的“凉拌茶”　《女始祖尧白》的故事传说，远古时候，尧白造天地以后，召集各民族去分天地，基诺族没有参加，尧白先后派汉族、傣族来请，基诺族也没有去，尧白亲自来请，基诺族还是无动于衷，尧白气得拂袖而去，走到一座山上时，想到基诺族现在不来参加分天地，以后生活会有困难，便站在山顶上，抓了一把茶籽撒在龙帕寨的土地上，从那时起，基诺族居住的地方便开始种茶，并成为云南六大茶山之一。传说归传说，无须考证，但凉拌茶食用的流传，可以作为茶树原产地的又一证明。

将鲜茶叶揉软搓细，放在大碗中，随即取出酸笋、酸蚂蚁、白生、大蒜、辣椒、盐巴等配料拌后，成为基诺族喜爱的“拉拔批皮”，即凉拌茶。

关于茶的冲泡次数　茶类不同耐泡程度便不一，人们日常生活中，常有这样的体会：非常细嫩的高级茶并不耐泡，一般冲泡二次也就没什么茶味了。普通红绿茶常可冲泡三至四次。茶叶的耐泡程度与茶叶嫩度固然有关。但更重要的是决定于加工后茶叶的完整性。加工越细碎的，越容易使茶汁冲泡出来，越粗老越完整的茶叶，茶汁冲泡出来的速度越慢。但无论什么茶，第一次冲泡浸出量都能占可溶物总量的50%以上，普通茶叶第二次冲泡一般为30%左右，第三次为10%左右，第四次只有1%至3%。从营养的角度看，茶叶中的维生素C和氨基酸，第一次冲泡后，有80%被浸出，第二次冲泡后，95%以上都已浸出，其他有效成分如茶多酚、咖啡因等也都是第一次浸出量最大，经三次冲泡后，基本达到全量浸出。由此可见，一般的红、绿、花茶，冲泡次数通常以三次为度。乌龙茶因冲泡时投茶量大，可以多冲泡几次，以红碎茶为原料加工包装成的袋泡茶，由于易于浸出，通常适宜于一次性冲泡。

四季饮茶的安排　季节不同可以饮用不同种类的茶叶。一般认为，红茶是热性的，绿茶是凉性的。绿茶比红茶含有较多的茶多酚，味较苦涩。我国中药药性中常有味苦则性凉之说，因此绿茶属凉性、红茶属热性也是有道理的。有些老茶客一年四季饮茶常做这样的安排：春、秋季喝花茶，性温而芬芳；夏季喝绿茶，或在绿茶中添加几朵杭白菊、金银花，或几滴柠檬汁、薄荷汁，更能增加清凉消暑的作用；冬季喝加糖红茶或牛奶红茶，具有养胃、暖身的作用。

客来敬茶　客来敬茶是中国人的一种传统美德。虽然区区清茶一杯，然而这是一种高尚的礼仪。

客来敬茶应注意：饮茶场所要清洁卫生，最好有幽雅的氛围；茶具要与茶类适应，清洁卫生；要向客人介绍茶名，必要时让客人观赏一下茶的外形；撮茶切忌用手抓，茶水比例要适宜；品饮时宜缓不宜急，并注意适时添水续泡；能借题发挥，介绍一些有关这种茶叶的产地、风貌、品质特点，以增添情趣。

茶　效

茶的营养成分

在化学元素周期表所列的100多种元素中，目前已发现在自然界存在的约为92种，茶树的各器官中曾经发现约33种。已知只有25种左右，是一般生命物质的主要成分。除极少数的几种外，一般生命物质元素在茶中都有存在。茶中的化合物有500多种，其中有机化合物超过450种。

茶的营养成分有：矿质元素、蛋白质与氨基酸、糖类、蛋白质、类脂类、维生素等。

茶树体内已发现27种矿物质元素，如磷、钾、硫、镁、锰、氟、铝、钙、钠、砷、铜、镍、硅、锌、硼、钼、铅、镉、钴、硒、溴、碘、铬、钛、铯、钒等。上述元素，大部分是对人体有益的，但也有少数元素在量大时对健康不利。不过有益于健康的元素多数易溶于水，而有害于健康的元素不仅含量极少，而且难溶于水。

氨基酸是构成人体细胞组织蛋白质的基本构成单位。茶叶中的游离氨基酸约占茶叶干重1%至5%，目前已发现茶中的氨基酸有28种，其中以茶氨酸含量最高；其次是人体所必需的苏氨酸、赖氨酸、蛋氨酸、谷氨酸、苯丙氨酸、异亮氨酸等。这些氨基酸在人体内都具有极其重要的生理功能。如亮氨酸可促进人体细胞的再生，加速伤口的愈合。苏氨酸、赖氨酸、组氨酸，除对促进人体生长发育有重要作用外，还能促进钙和铁的吸收，因此有防治骨质疏松、维生素D缺乏症和贫血的作用。半胱氨酸有助于人体对铁吸收。胱氨酸有助于促进毛发生长和防止早衰。蛋氨酸能纠正脂肪代谢，防治动脉硬化。色氨酸对大脑在神经传递中有重要作用。茶氨酸有强心利尿、扩张血管、松弛支气管的功效。

糖类、蛋白质、类脂类是人体三大主要营养物质，人类在生命活动过程中需要不断摄取这些物质，以维持恒定的体温。据测定，中国茶中含葡萄糖、果糖、蔗糖、麦芽糖、淀粉、纤维素等糖类，但能溶于水中的仅占4%至5%，因此茶叶属低热量饮料，适合糖尿病及忌糖患者饮用。茶叶中的蛋白质含量在20%至30%，但只有3.5%左右的清蛋白等可溶于水，其余绝大多数都不溶于水。此外，茶中还含有少量的脂肪。

茶叶中含有丰富的维生素类物质，如维生素C、B类，E、A、K、U等多种。维生素B类在茶叶中主要有维生素B1、B2、B3、B5、B6、B11、B12等，每百克茶叶含B类维生素8至15毫克。维生素B类与维生素C一样，都非常容易溶于热水，因此可以被人们充分利用。茶叶中的维生素含量与茶的老嫩度及茶类有关。

如嫩茶中含量高，绿茶比红茶含量高。

维生素是人体生命活动所必需的，茶叶中所含的维生素对人体健康是有益的。维生素B 1能防治脚气病，治疗多发性神经炎等；维生素B 2能防治角膜炎、结膜炎、脂溢性皮炎等；维生素B 6能治疗呕吐；维生素P P能治疗癞皮病所导致的皮炎、腹泻、舌炎和痴呆；维生素A具有滋润眼睛、防治眼干燥症及夜盲症的作用；维生素D能帮助骨骼创伤康复、维生素D缺乏症和软骨病；维生素C能提高抵抗力；维生素E可促进细胞分裂，延缓细胞衰老。

茶的药效成分

茶的药效成分有生物碱、茶多酚、有机酸、皂甙类物质等。

茶叶中的生物碱、茶碱和可可碱。茶叶咖啡碱是一种强有力的中枢神经兴奋剂，饮茶不但提高思维活动能力、消除睡意，而且茶叶咖啡碱的这种兴奋作用，不像其他如酒精、烟碱、吗啡之类伴有继发性

茶具

压抑或对人体产生毒害作用。这是因为茶叶咖啡碱对大脑皮质的兴奋作用，是一个加强兴奋的过程，这与其他兴奋药往往是通过削弱抑制过程所引起的兴奋有着本质的不同。此外，生物碱还有强心作用、消化作用、解毒作用和利尿作用。

茶叶中茶多酚的含量较高，约占茶叶干重的20%至35%。茶多酚是一类以儿茶素为主体的多酚类化合物，茶多酚可以分为五类，其中以黄烷醇类化合物（主要是儿茶素类）最为重要。此外，还有花色苷类、黄烷酮类、黄酮醇类和酚酸类。主要药效有降血脂、降血糖、抗氧化、防衰老、抗辐射、杀菌消炎、抗癌、抗突变。

茶叶中含有多种有机酸，如草酸、苹果酸、枸橼酸等。通过饮茶，这些有机酸参与代谢，有维持体波平衡的作用。

茶叶中含有茶叶皂甙，含量约为0.07%左右。研究表明，茶叶皂甙具有抗炎症、抗癌、杀菌等多种功效。

茶叶天然抗氧化剂的特点

茶叶天然抗氧化剂的特点：抗氧化的效力强，对动植物油脂都有抗氧化作用，与维生素E、维生素C有协同作用，提高维生素、胡萝卜素的稳定性；对酸、热比较稳定，抑菌作用显著，安全性高，应用领域广，抑制亚硝酸盐的形成。

红　茶　菌

红茶菌又称“海宝”，为我国传统的食疗饮料，由乳酸菌、酵母菌及醋酸菌在茶糖水中共生发酵而成。微生物的聚合体即菌膜，漂浮在液面上，呈乳白色，菌母呈黄褐色或棕色，漂浮在膜下或菌液中。

其中乳酸菌是人体需要的营养，还能利用肠内一些物质制造多种维生素，从而使人体免于迅速老化。醋酸菌有杀菌、解毒、散瘀、行气、止痛等功能。酵母菌含有十多种氨基酸，酵母中有多种既是重要的生理功能成分，又是防治多种脏腑病的药物成分。

制作时，将茶、糖、水按1比5比100的比例煮10分钟，待茶糖水冷却至20至30度时，将过滤后的滤液倒入消毒好的广口瓶中，接上选好的菌母膜，并倒入母液，然后用纱布扎包瓶口，置于避光和平稳的地方。待一周左右，菌膜充满液面，挥发出甜酸的香气时即可饮用。余下三分之一的菌液和菌母留在瓶中，再按上述方法冲泡。

饮用时，可加糖、冷开水或茶汤调节酸度，每人每天饮100至200升为宜。因菌液呈酸性，不要与药物特别是碱性药同服。有些初饮者出现兴奋失眠、胃酸、轻度腹泻等，但久饮后症状便会消失。

茶的呈味成分

茶叶中的呈味成分有：涩味成分——茶多酚；苦味成分——嘌呤碱、咖啡碱、花香素；鲜味成分——氨基酸；咸味成分——无机盐等。

茶的香气成分

茶中的香气成分，含量微小。茶叶中芳香物质的种类却很多，鲜味中有上百种，成品茶中有500多种。绿茶中的香气成分以醇类、吡嗪类为主，显现清香、花香。红茶中的香气成分以醇类、醛类、酮类、酯类为主，具有果味香、花香。很多芳香物质对人体是有益的，有的可分解脂肪，有的可调节神经系统。

茶能提神醒脑

茶叶提神的作用主要是茶叶中的咖啡碱和黄烷醇类化合物的作用，而且这种作用不受其他因素的影响而降低效应。其机理是促进肾上腺体的活动，阻止血液中儿茶酚的分解。此外，还有诱导儿茶酚胺的生物合成功效。儿茶酚胺具有促进兴奋的功能，对心血管系统有强大作用。

茶能生津止渴

饮茶时，茶叶中多种成分与口腔中的唾液反应，使口腔湿润，产生清凉感觉，起到明显的止渴效果。茶叶中的有机酸与维生素C对口腔粘膜起刺激作用，促进唾液分泌，产生生津止渴的作用。

茶能利尿消疲

饮茶具有明显的利尿作用，这并不是由于摄入大量水分而引起的排尿量增加。利尿的机理是由于提高从肾脏中的滤出率来实现的。由于茶的利尿作用，使尿液中的乳酸得以排除。人体肌肉、组织中的乳酸是一种疲劳物质，会使肌肉感觉疲劳，因此，乳酸的排出体外能使疲劳的机体获得恢复。

茶能预防便秘

便秘是由于肠管松弛，使肠的改缩蠕力减弱而发生的。茶叶中茶多酚的收敛作用使得肠管蠕动能力增强，因此有治疗便秘的效果。

瓷器茶具

茶能坚齿防龋

茶叶的防龋效果早已被证实。茶树是一种能从土壤中富集氟素的植物。在牙膏中添加氟化钠以预防龋齿发生，在国际上广泛采用，但联合国世界卫生组织规定在儿童用牙膏中不得加氟化钠，以避免儿童刷牙时将含氟化钠的牙膏吞入。儿童用茶水漱口能显著降低儿童龋齿发生率。

茶叶中的茶多酚类化合物还可杀死在齿缝中存在的乳酸菌及其他龋齿细菌。牙齿中的钙在体内碱性矿物质不足时，会溶解在血液中起着补充作用，因此一般人在长期疲劳后，牙齿会变得脆弱，易生蛀牙，这是缺钙的缘故。而茶属碱性食品，能抑制钙质的减少，保护牙齿。此外茶叶还有消除口臭的效果。

茶能帮助消化

茶叶中的咖啡碱和黄烷醇类化合物可以增强消化道蠕动，因而也就有助于食物的消化，预防消化器官疾病的发生。乌龙茶具有独特的分解脂肪的能力，因此在进食较多动、植物性脂肪食品时，喝浓茶（特别是乌龙茶）有助于将多余的脂肪排出体外。

茶能清心明目

茶可以明目的功效在许多古医书中早有记载。维生素C摄入量不足，易导致晶状体混浊而患白内障。夜盲症与缺乏维生素A有关。茶树鲜叶含有丰富的维生素A原——胡萝卜素，胡萝卜素被人体吸收后，在肝脏和小肠中可转变为维生素A。

茶能增强免疫力

茶叶中的脂多糖、多酚类物质都能增强人体的免疫功能。饮茶可提高白细胞和淋巴细胞的数量和活性，促进脾脏细胞中的细胞间素的形成，因而能增强人体的免疫功能。

茶能延缓衰老

人体衰老的重要原因是产生了过量的自由基，这种具有高能量、高活性的物质，起着强化剂的作用。使人体内的脂肪酸产生过氧化作用，破坏生物体的有机大分子和细胞壁，细胞很快老化，引起人体衰老。茶叶中的茶多酚具明显的抗氧化活性，而且活性超过维生素C和维生素E。茶多酚能有效地清除多余的自由基，防止脂肪酸的过氧化，因此饮茶可以延缓衰老。

茶能解除毒素

随着工业的发展，在给人们带来繁荣的同时，也出现了环境污染。各种重金属在食品、饮水中含量过高对人体健康具有明显的毒害作用。如铅中毒会使人降低免疫力和缩短寿命，过量汞的摄入会损害肾脏和神经系统；过量的镉往往由于损害骨骼而引起一种人类的慢性疾病。而茶叶中的茶多酚可与重金属结合产生沉淀，使身体中的一些有害物质迅速排出体外，达到解毒效果。

酒 后 饮 茶

酒后饮浓茶可以醒酒，是人所熟知的。人们饮酒后主要靠人体肝脏中酒精水解酶的作用，将酒精水解为水和二氧化碳。在这种水解过程中，需要维生素C作为催化剂。相反，体内维生素C供应不足，会使肝脏的解毒作用逐渐减弱，而出现酒精中毒的可能。饮酒时同时吸烟，更会由于维生素C含量降低而加剧酒醉，因此，在酒席上或酒后喝几杯浓的绿茶或乌龙茶，一方面可以补充维生素C，另一方面茶叶中的咖啡碱具有利尿作用，能使酒精迅速排出体外，此外茶叶中的茶多酚还有助于脂肪的分解。酒醉的人往往因为大脑神经呈现麻痹状态而产生头晕、头痛、身体体能不协调等现象，喝浓茶可刺激麻痹的大脑中枢神经，有效地促进代谢作用，发挥醒酒的效能。

吸烟者喝绿茶

香烟中的尼古丁会使促进血管收缩的激素分泌量增加，而血管收缩的结果会影响血液循环，减少氧气的供应量，导致血压上升。吸烟还会加速动脉硬化和使体内维生素C含量下降，加速人体老化。香烟烟雾中含有苯并芘等多种致癌物质，而绿茶提取物可以抑制香烟烟雾提取物的诱导畸变。

茶能消炎灭菌

茶叶中的黄烷醇类能促进肾上腺体的活动，而肾上腺素的增加以降低毛细血管的透性，减少血液渗出，同时对发炎因子组胺具有好的抵抗作用，属于激素型的消炎作用。茶黄烷醇类化合物本身还具有直接的消炎效果。我国民间在古代就有用茶汁处理伤口、防止伤口发炎的做法。

茶叶中的茶多酚对伤寒杆菌、金黄色溶血性葡萄球菌、痢疾、蜡状芽孢杆菌等多种病原细菌具有明显的抑制作用，因而茶叶有明显的治疗伤寒、止痢等效果。饮茶可杀灭肠道的有害细菌，同时又能激活和保持肠道中的有益微生物。

易过敏者饮茶

现代工业发达，工业污染也严重，污染物过敏现象较普遍，另外花粉过敏、海鲜过敏者也不少。当人呼吸道进入异物时，会产生免疫反应，同时释放组胺，组胺会使毛细血管透性增加及引起平滑肌收缩，于是皮肤上出现疱状过敏症状。抗过敏药物的作用就在于阻止组胺的释放。茶叶阻止组胺释放的作用明显，有时抑制率可达90%以上。有过敏史的人多饮茶是一种预防方法。

茶能抗辐射

辐射引起的损伤之一是破坏造血功能，降低血液中的白细胞数。癌症病人的放射治疗，往往由于白细胞严重下降，免疫功能遭破坏，放疗不能继续进行。茶叶中的茶多酚、脂多糖、维生素C等不仅能提高机体的免疫功能，还能有效地提高白细胞数量。因此，茶叶的抗辐射功效是明显的。现代社会拍X光片、看电视、用计算机等辐射危害的预防应当重视，多饮茶是一种好的方法。

茶能降血压

高血压是一种常见病，分为原发性高血压（本态性高血压）和继发性高血压（症状性高血压）。原发性高血压约占高血压患者的90%。关于原发性高血压的发病机制有两种观点：一种认为是由于交感神经兴奋引起的，另一种则认为由于受肾素和血管紧张素类物质的控制所引起的。肾素可促使血管紧张素分解为无活性的血管紧张素Ⅰ，而在血管紧张素Ⅰ转化酶的作用下，血管紧张素Ⅰ可变为能使血管收缩并促进胆固醇分泌，导致血压升高的血管紧张素Ⅱ。已经证明，茶多酚对血管紧素Ⅰ转化酶活性有明显的抑制作用，从而达到降血压的作用。此外，茶叶中的咖啡碱和茶多酚能使血管壁松弛，增加血管的有效直径，通过血管舒张而使血压下降。

茶能降脂减肥

饮茶能降低血脂、降低胆固醇，这是许多临床观察的共同结论。茶叶中的咖啡碱能促进脂肪的分解，有提高胃酸和消化液的分泌；茶叶中的茶多酚能防止血液和肝脏中甾醇和中性脂肪的积累；茶叶中的叶绿素可抑制胃肠道对胆固醇的吸收。以上这些因素，共同起着消解脂肪、降低血脂、防止肥胖的作用。

茶能降血糖

糖尿病是以高血糖为特征的代谢内分泌疾病，它是由于胰岛素不足和积压糖过多引起糖、脂肪和蛋白质等代谢紊乱。临床实验证明，茶叶（特别是绿茶）有明显的降血糖作用。茶叶中的维生素C、维生素B1能促进糖分的代谢作用，对先天性糖尿病的患者可常饮绿茶为辅助疗法，而常饮绿茶也可以预防糖尿病的发生。

茶 能 抗 癌

已经证实，茶叶的抗癌作用不可忽视。国内外很多医药研究单位，进行各种体外和模拟的抗癌试验都取得了很好的效果。流行病学的调查也证明，饮茶较普遍的地区，癌症发病率较低。抗癌机理有如下几个方面：抑制最终致癌物的形成；调整原致癌物质的代谢过程；直接和亲电子的最终致癌代谢物起作用；抑制致癌基因与DNA共价结合；清除自由基等。

孕妇、儿童能否喝茶

孕妇、儿童一般都不宜喝浓茶，因过浓的茶水中过量的咖啡因会使孕妇心动过速，对胎儿也会带来过分刺激，儿童也如此。因此一般主张孕妇、儿童饮淡茶，通过饮些淡茶，可以补充一些维生素和钾、锌等矿物质营养成分。儿童适量饮茶，可加强胃肠蠕动，帮助消化，饮茶有清热降火之功效，避免儿童大便干结造成肛裂。另外，儿童饮茶或用茶水漱口还可以预防龋齿。

经常接触射线者多喝茶

放射科医师，或是一位接受放射治疗的病人和经常接触射线的科研工作者，因一定剂量的射线对人体是有危害的，常会引起血液白细胞减少，免疫力下降。科学研究表明，茶叶中的茶多酚等都能增强人体的非特异性免疫功能，升高血液中的白细胞数量。因此，饮茶是一种理想而简便的抗辐射损伤的方法。经常接触射线的工作者和患者，接触前后多饮些绿茶肯定是有益的。看电视，虽然辐射量是极轻微的，但从预防角度，看电视的同时喝杯茶肯定也是有好处的。

用 茶 止 痢

茶叶中的茶多酚类物质对多种病菌有杀灭或抑制的功效，因此可以用茶叶来治疗细菌性痢疾。做法是：先将绿茶研成粉末，将三克茶叶末用温茶水送服后，继续饮用些茶水，一日三次，以获得较好的疗效。

茶 水 服 药

能否用茶水服药，不能一概而论。不过多数情况下不宜用茶水服药，尤其是某些含铁剂如（硫酸亚铁、碳酸亚铁等）、含铝剂（如氢氧化铝等）、酶制剂（如蛋白酶、淀粉酶）等西药遇到茶汤中多酚类物质会产生沉淀，影响药效。有些中草药如麻黄、黄连、钩藤等一般也不宜与茶水混饮。另外，茶叶中含有咖啡碱，具有兴奋作用，因此，服用镇静、催眠、镇咳类药物时，也不宜用茶水送服，避免药性冲突、降低药效。一般认为，服药后2小时内不宜饮茶。

服用维生素类药物、兴奋剂、利尿剂、降血脂、降血糖、升白类药物时，一般可以用茶水送服。例如服用维生素C后饮茶，茶叶中的儿茶素可以有助于维生素C在人体内的吸收和积累；茶叶本身具有兴奋、利尿、降血脂、降血糖、升白等功效，服用这类药物时，茶水有增效作用。

糖尿病患者宜多饮茶

糖尿病患者的病症是血糖高、口干口渴、乏力。实验表明，饮茶可以有效地降低血糖，且有止渴、增强体力的功效。糖尿病患者一般宜饮绿茶，饮茶量可稍增多一些，一日内可数次泡饮，使茶叶的有效成分在体内保持足够的浓度。饮茶的同时，可以吃些番瓜食品，这样有增效作用。一个月为一个疗程，通常可以取得很好的疗效。

神经衰弱者饮茶

神经衰弱者的主要症状是夜晚不能入睡，白天无精打采没有精神。神经衰弱患者往往害怕饮茶，认为饮茶后，刺激神经，可能更加睡不着觉。实际上，从辨证施治的观点来看，要使夜晚能睡得香，必须在白天设法使其达到精神振奋。因此，神经衰弱者在白天上、下午各饮一次茶，可以上午饮花茶，下午饮绿茶，达到振作精神的目的；到了夜晚不再喝茶，稍看点书报就能安稳入睡。如能坚持数日至一周，必定会收到较好的效果。

心脏病、高血压病患者饮茶

对于心动过速的病患者以及心、肾功能减通的病人，一般不宜喝浓茶，只能饮用些淡茶，一次饮用的茶水量也不宜过多，以免加重心脏和肾脏的负担。对于心动过缓的心脏患者和动脉粥样硬化和高血压初起的病人，可以经常饮用高档绿茶，这对促进血液循环、降低胆固醇、增加毛细血管弹性及增强血液抗凝性都有一定的好处。

胃病患者饮茶

胃病的种类很多，最常见的有浅表性胃炎、萎缩性胃炎、胃溃疡、胃出血等。胃病患者服药时一般不宜饮茶，服药2小时后，饮用些淡茶，糖红茶、牛乳红茶，有助于消炎和胃粘膜保护，对溃疡也有一定的疗效。饮茶还可以阻断体内亚硝基化合物的合成。

吃盐渍蔬菜和腌腊肉制品要多喝茶

盐渍蔬菜如泡菜、腌咸菜和腌腊肉制品如腌肉、腊肉、火腿、腊肠等，常含有较多的硝酸盐，食物中在有二级胺同时存在的情况下，硝酸盐和二级胺可发生化学反应而产生亚硝胺。亚硝胺是一种危险的致癌物质，极易引起细胞突变而致癌。茶叶中的儿茶素类物质，具有阻断亚硝胺合成的作用，因此食用了盐渍蔬菜和腌腊肉制品以后，应多饮些儿茶素含量较高的高级绿茶，可以抑制致癌物的形成，而且能增强免疫功能，有益于健康。

用茶水洗脸、洗脚、洗头、洗澡、漱口的好处

用茶水洗脸、洗澡，可减少皮肤病的发生，而且可以使皮肤光泽、滑润、柔软。用纱布蘸茶水敷在眼部黑圈处，每日一至二次，每次20至30分钟，可以消除黑眼圈。用茶水连渣洗手脚，可以防治皲裂，并能防治湿疹、止痒，减轻汗脚的脚臭。用茶水洗头，可以使头发乌黑柔软、光泽美观；用茶水刷眉，可使眉毛变和浓密光亮，用茶漱口，可以消除口臭，有利于保护牙齿，防治口腔疾病。

喝茶会不会影响牙齿的洁白

喝茶尤其是长期喝浓茶，茶叶中的多酚类氧化物附着于牙齿表面，如果不刷牙，确实会使牙齿逐步变黄，就像茶壶、茶杯长期不清洗结有一层“茶锈”一样。如果喝浓茶加上有吸烟习惯的人，常会加剧牙齿的黄化，这是值得重视的问题。然而，一般饮茶者，只要不抽烟，注意早晚刷牙，而且经常适当吃些水果等食物，牙齿绝不会变黄。

喝什么茶对健康更有利

喝什么茶对健康更有利，不能用一句话来作简单的回答，也就是说，各种茶叶的营养、药效成分有一定的差异，可适合不同身体条件的人们饮用。如身体比较虚弱的人，喝点红茶，在茶中添加点糖和奶，既可增加能量又能补充营养。青年人正处发育旺盛期，以喝绿茶为好。妇女经期前后以及更年期，性情烦躁，饮用花茶有疏肝解郁，理气调经的功效。身体肥胖、希望减肥的人，可多喝些乌龙茶、沱茶等。常年食牛、羊肉较多的人，可以多喝些砖茶、饼茶等经过后发酵的紧压茶，有助于脂肪食物的消化。经常接触有毒害物质的工作人员，可以选择绿茶作为劳动保护饮料。脑力劳动者、军人、驾驶员、运动员、歌唱家、广播员、演员等，为了提高脑子的敏捷程度，保持头脑清醒、精神饱满，增强思维能力，判断能力和记忆力，可以饮用高档绿茶。

如果单从各种茶叶营养成分和药效成分的含量比较而言，高级绿茶优于其他茶类。如维生素C、B1和B2，磷、钾、锌等矿物质，茶多酚等物质，其含量通常都是高级绿茶高于其他茶。因此，从营养保健的角度而言，喝高级绿茶更有利于健康。

一天喝多少茶为宜

饮茶量的多少决定于饮茶习惯、年龄、健康状况、生活环境、风俗等因素。一般健康的成年人，平时又有饮茶习惯的，一日宜饮茶12克左右，分三至四次冲泡。体力劳动量大、消耗多、进食量也大的人，尤其是高温环境、接触毒害物质较多的人，一日饮茶20克左右也是适宜的。油腻食物较多、烟酒量大的人也可适当增加茶叶用量。孕妇和儿童、神经衰弱者、心动过速者，饮茶量应适当减少。

茶与食物的搭配

吃什么食物喝什么茶，茶中所含的复杂成分和不同的食物混合，都会引起不同的作用。因此喝茶的人，对什么茶和什么食物相配会起有益作用，哪些茶和哪些食物相配会起有害作用，都应该有所了解。

例如，吃牛肉面时宜于喝绿茶或包种茶。因为牛肉面含热量高，而且牛肉面大多是辣的，吃后容易浑身发热，满头大汗，这时候喝比较清寒的绿茶或包种茶能起到调和与平衡作用。

吃鸡鸭肉类时，喝乌龙茶较能调和味道，鸡鸭肉乌龙茶搭配的风味特别好。吃海鲜鱼虾类，含磷、钙丰富的食物时，最好不要喝茶，因为茶中含有的草酸根容易和磷、钙形成草酸钙的结石症，累积下来不容易排出体外，时间一长将会危害人体的健康。

餐前适合喝普洱茶或红茶。餐前原则上是空腹，空腹喝刺激性强的茶会引起心悸、头昏、眼花、心烦的现象，同时也会降低血糖，让人更感饥饿，而红茶、普洱茶的深红色及沉稳香气能促进食欲，培养进餐时的好胃口。

餐后适合喝乌龙茶、绿茶、花茶类。这类茶香气较重，餐后喝能带来轻松愉快的气氛。

无论是餐前喝茶或餐后喝茶，最好能和餐饮时间相隔半个小时，才能真正达到饮茶健康的最好效果。

喝浓茶好不好

所浓茶是指泡茶用量超过常量（一杯茶3至4克）的茶汤。浓茶对不少人是不适宜的，如夜间饮浓茶，易引起失眠。心动过速的心脏病、胃溃疡、神经衰弱、身体虚弱、胃寒者都不宜饮浓茶，否则会使病症加剧。空腹也不宜喝浓茶，否则常会引起胃部不适，有时甚至产生心悸、恶心等不适症状，发生“茶醉”现象。出现“茶醉”后，吃一二颗糖果，喝点开水就可缓解。

但浓茶也并非一概不可饮，一定浓度的浓茶有清热解毒、润肺化痰、强心利尿、醒酒消食等功效。因此，遇到湿热症和吸烟、饮酒过多的人，浓茶可使其清热解毒、帮助醒酒。油腻过重的食物，浓茶有助消食去腻。对口腔发炎、咽喉肿痛的人而言，饮浓茶有消炎茶菌作用。

隔夜茶不能喝

过去曾有一种传说，认为隔夜茶喝不得，喝了容易得癌症，理由是认为隔夜茶含有二级胺，可以转变成致癌物质亚硝胺。其实这种说法是没有科学根据的，因为二级胺广泛存在于多种食物中，尤以腌腊制品中含量最多，就拿面包来看，通常含有2毫克/千克的二级胺。以面包为例，每天从面包中食进的二级胺就有1至1.5毫克。而人们通过饮茶，从茶叶中食进的二级胺只有主食面包的四十分之一，可见是微不足道的。况且，二级胺本身并不是致癌物，必须有硝酸盐存在才能形成亚硝胺并达到一定数量级才有致癌作用。饮茶可以从茶叶中获得较多的茶多酚和维生素C，它们都能有效地阻止人体内亚硝胺的合成，是亚硝胺的天然抑制剂。因此，饮茶或隔夜茶是不会致癌的。

但是，从营养卫生的角度来说，茶汤暴露在空气中，放久了易滋生腐败性微生物，使茶汤发馊变质。另外茶汤放久了茶多酚、维生素C等营养成分易氧化减少。因此，隔夜茶虽无害，但一般情况下还是随泡随饮为好。

市场上的罐装茶水饮料，是添加了抗氧化剂并经过严格灭菌而制成的，与其他冷饮料一样，应该说饮用是安全的。

严重的烟焦茶和已经发霉的茶叶不宜饮用

严重的烟焦茶与其他已烤焦的食物一样，易产生部分三点四苯并芘。这是一种危险的致癌物，在身体中积累多了易引起细胞突变有致癌的危险性，严重的烟焦茶是不宜饮用的。当然，一般轻微的烟焦茶，经过贮存一段时间以后，烟焦味会自动消失或减轻，这样的茶叶经过检测，三点四苯并芘的含量是在食物允许量范围以内，对身体不会产生危害。

已经发霉的茶叶是不能饮用的，有人认为丢弃太可惜，只是简单的晒晒吹吹，还想泡着喝，这是很危险的，因为已经发霉的茶叶，常滋生了许多有害霉菌，分泌出了不少有损于健康的毒素。喝了这样的茶水，常会发生腹痛、腹泻、头晕等症状，严重者影响到某些脏器，引发某些疾病，千万不要贪小失大。需要注意的是，有些极细嫩的茶叶，如碧螺春、毛峰等，常满披银毫，即白色茸毛较多，不要把这种正常优良品标志的白色茸毛，当作茶叶发霉，这一点对某些不太熟悉名优绿茶的人来说，需要注意辨别。

饮茶与智商

在世界上，中国人的智商名列前茅，我国著名营养学家于若木认为，这应归功于中华民族数千年的茶文化，是长期饮用绿茶而形成高智商的遗传因素。于若木认为："据现代医学、生物学、营养学对茶的研究，凡调节人体新陈代谢的许多有益成分，茶叶中大多数都具备。现代科学不但对茶叶的几乎所有成分都分析清楚了，而且把它抗癌、防衰老以及提高人体生理活性的机理均已基本研究清楚了。"

节 制 饮 茶

年老体弱者应少饮茶。

某些病症患者：应慎饮茶。医学专家指出，严重的动脉硬化者、高血压病人、溃疡病患者、发热病人在饮茶上应慎重为宜。

孕妇要少饮茶：因茶中含有一定量的咖啡碱，咖啡碱会对胎儿产生不良刺激，影响生长发育。

慈 禧 饮 茶

清代的慈禧有茶瘾，对茶悟性也很高，她喝茶一为养生，二为欣赏，三为炫耀，是独具特色的帝王茶艺。据她的御前女官德龄介绍，慈禧饮茶非常讲究。其程序有六：一是泡茶，由掌茶事的太监泡好上等贡茶，置于茶托之上。茶具皆金制玉琢，包括金制茶托、一个白玉有盖茶盅、一只白玉茶杯、二只金边彩釉瓷杯、一双金筷子。二是备花，慈禧酷爱花茶。花是刚采的洁净鲜花，或茉莉、玫瑰，或丁香、夜合花，分置茶盅两旁。三是敬茶，太监双手捧上茶托，跪在慈禧太

慈禧太后画像

后座前，口呼“老佛爷品茶”。四是掺混，由慈禧自己动手，先微笑着欣赏鲜花，然后慢慢揭开茶盅盖，抄起金筷子夹入鲜花，轻轻合上盖子，焐几分钟，使香味渗入茶水中。五是品饮，捧起茶盅，将茶汁倒入白玉杯中，眯起双眼，先闻其香，继品茶味。饮下一杯，若有兴可再饮一杯。六是撤茶，太监跪下接杯，退下。

除了日常饮茶，为了美容，慈禧每隔十天用茶水送服珍珠粉。此外，慈禧在临睡前照例要喝一杯糖茶，然后枕在填有茶叶的枕头上才能安稳睡觉。由此可见，讲究饮茶是养身之道重要的一招。

少女饮茶

少女不宜饮浓茶。因为饮浓茶容易引起少女缺铁性贫血。少女正是处在青春发育期，月经刚刚来潮，排出经血量多的达100多毫升，少者也有10至20毫升。经血中含有高铁血红蛋白、血浆蛋白和血红蛋白成分，这些有益成分必须从日常的饮食中得到补充，而浓茶妨碍肠粘膜对铁质的吸引，容易造成少女缺铁性贫血。

废茶巧用

在日常生活中，有人往往将喝剩下的冷茶和废茶倒掉，这是很可惜的。废茶在家庭中的用处很多，例如用废茶水浸湿布擦亮镜子和玻璃器皿，用以浸泡干梅子，具有特别的香味；废茶煮鸡蛋，夏天防馊，旅途解渴，味道清香可口；用清水浸泡茶叶，作浇花肥料，可保持土壤酸性，使紫阳植物开蓝色花；用废茶水洗脸，可去掉油尘和减少脸上的小疙瘩；废茶叶晒干装在枕芯里，有祛头痛、明目等特殊功效。

隔夜茶妙用

一般家庭都把隔夜茶倒掉，殊不知隔夜茶也有妙用。隔夜茶含有丰富的酸类、氟类，不但可以防止毛细血管出血，而且可以起到杀菌消炎作用，如口腔出血、皮肤出血、疮口溃疡等，都可以用隔夜茶洗漱。眼睛出现经丝或原因不明的流泪，每天用隔夜茶洗多次，也会有好的效果出现。

茶 药 方

治感冒、头痛的茶药方

葱豉方

配方及用法：茶末10克，石膏60克，栀子5克，薄荷30克，荆芥5克，淡豆豉15克，葱白3根。用水煎上味药代茶频饮，宜温服。

功效：辛温解表。适用于外感风寒，体热头痛等。

八味茶

配方及用法：川芎、荆芥各20克，白芷、羌活、甘草各60克，细辛30克，防风30克，薄荷240克。将上八味共碾末，每服10克，用清茶服下，每日数次。

功效：治外感风邪头痛。

治肝病的茶方

板蓝根茶

配方及用法：板蓝根30克，大青叶30克，茶叶15克。将三味混合水煎取汁，日服一剂，二次服下，连服二周。

功效：清热解毒，利湿褪黄，用于急性传染性肝炎。

抗癌的茶方

甘草茶

配方及用法：绿茶2克，甘草10克，先将甘草加水500毫升，煮沸5分钟后加绿茶。日服一剂。

功效：解热抗癌，适用于各种癌症。

鱼腥草黄芩茶

配方及用法：鱼腥草30克，金银花9克，黄芩9克，绿茶3克，蜂蜜一匙。将前三味加水煎沸，再加入茶叶煮，取汁加蜂蜜即可饮服。

功效：抗癌，治肺癌。

治皮肤病茶方

艾姜茶

配方及用：陈茶叶25克，艾叶25克，老姜50克，紫皮大蒜2头。将大蒜捣碎，老姜切片，与茶叶共煎，5分钟后加食盐少许，分两天外洗。

功效：消炎灭菌，用于神经性皮炎。

山楂茶

配方及用法：山楂片25克，绿茶2克。将二味入水同煮，煮沸5分钟，分三次温饮。每日一剂。

功效：抗菌散瘀，用于脂溢性皮炎。

五倍子冰片茶

配方及用法：绿茶、五倍子各等量，冰片少许。将上味药共研末，洗净疮面敷上，每日一次。

功效：治黄水疮。

治心脏病的茶方

莲心茶

配方及用法：绿茶1克，莲心干品3克。沸水冲泡5分钟可饮，饭后服。每次略留余汁，再冲再饮，直到冲淡为止。

功效：治冠心病。

治肾病的茶方

玉米须茶

配方及用法：茶叶3克，玉米须30克。二味用沸水冲泡，每日随意饮用。

功效：用于肾炎水肿及合并高血压症。

癫痫病的茶方

白僵蚕茶

配方及用法：绿茶1克，白僵蚕10克，甘草5克，蜂蜜25克。将白僵蚕、甘草加水400毫升，煮沸10分钟，再加另外二味即可。分三至四次，徐徐饮下，喝完加开水复泡再饮。

功效：治癫痫病发作。

有关治糖尿病的茶方

糯米红茶

配方及用法：红茶3克，糯米100克。将糯米用水煮熟，在米粥中再加入红茶末，分二次温服，每日一剂。

功效：补中益气，降低血糖。

丝瓜茶

配方及用法：丝瓜200克，茶叶5克，盐适量，将丝瓜洗净切片，加盐水煮熟，掺入茶叶冲泡，即可饮用，每日二次。

功效：治糖尿病。

治烫伤烧伤的茶方

烫伤浓茶剂

配方及用法：茶叶适量，将茶叶加水煮成浓汁，快速冷却。将烫伤肢体浸于茶汁中，或将浓茶汁涂于烫伤部位。

功效：消肿止痛，防止感染。

烫伤茶

配方及用法：将泡过的茶叶，用坛盛放在朝北地上，砖盖好，愈陈愈好。

功效：治烫火伤，不论已溃未溃，搽之即愈。

治毒虫叮咬的茶方

蚊咬茶

配方及用法：茶叶、明矾各等分。共研细末，凉开水调敷伤处。

功效：消炎、去肿、止痒，用于蚊虫叮咬，外用止痒。

产前保养茶方

苏姜陈皮茶

配方及用法：苏梗6克、陈皮3克、生姜2片、红茶1克。将前三味剪碎与红茶共以沸水焖泡10分钟，或加水煎10钟即可。每日一剂，可冲泡二至三次。代茶，不拘时温服。

功效：理气和胃、降逆安胎。适用于妊娠恶阻，恶心呕吐，头晕厌食，或食入即吐等。

产后疗疾茶方

山楂止痛茶

配方及用法：绿茶2克，山楂片25克。加水400毫升，煮沸5分钟后，分三次温饮，加开水复泡可复饮，每日一剂。

功效：用于产后腹痛。

芝麻催乳茶

配方及用法：绿茶1克，芝麻5克，红糖25克。将250克芝麻炒熟研末备用。每次按配方量加水400至500毫升，搅匀后分三次温服。

功效：用于产妇产后乳少。

治儿疾茶方

罗汉果茶

罗汉果茶

配方及用法：绿茶1克，罗汉果20克。将罗汉果加水300毫升，煮沸5分钟后加入绿茶即可，分三至四次饮，每日一剂。

功效：止咳化痰，用于百日咳，风热咳嗽不止。

治小儿积滞茶方

化积茶

配方及用法：山楂15克，麦芽10克，莱服子8克，大黄2克，茶叶2克。置放入杯中，开水冲泡，每日一剂，随时饮用。

功效：消食化积，适用于小儿食积、消化不良症。

茶　肴

制作碧螺银鱼茶肴

原料：银鱼500克，碧螺春茶叶6克，色拉油、食盐、白糖、黄酒、高汤、葱、姜各若干。

制法：银鱼洗净控干水分。若用银鱼干代替，则先用温水将银鱼干发胀，洗净。

碧螺春茶置杯中，冲温水约500毫升泡开，葱姜洗净切成细丝。

将锅置旺火上，加入色拉油待烧至五成热时加葱姜丝，煸出香味后投入银鱼，边翻炒边喷上黄酒，添加食盐与高汤，翻烧至九成熟时加少许白糖，将碧螺春茶连汤带叶倒入，翻炒数下起锅装盘。

此菜的特点是绿白相间，银鱼滑嫩，碧螺清香。

制作抹茶嫩菱茶肴

原料：鲜菱500克，抹茶15克（或绿茶粉），色拉油、食盐、高汤各适量。

制法：鲜菱去壳后，在清水中漂洗约20分钟，入滚水中煮约2分钟，不宜太老。煮毕捞出控干水分，放干净容器中。

将锅置旺火上，加入色拉油烧至六成热时，下菱肉翻炒，边炒边加适量食盐与一勺高汤，汤收干后加入抹茶及鸡精，再翻炒数下起锅装盘。

此菜的特点是菱肉鲜脆，抹茶爽口。

做毛峰银耳羹茶肴

原料：银耳50克，毛峰绿茶6克，淀粉、蜂蜜、糖桂花各适量。

制法：银耳洗净，入温水中泡发约30分钟，捞起控干水分。锅中加热水下银耳炖烂（约需1小时）后，用勺匙将其捣烂呈泥状。

毛峰绿茶入杯中，加沸水50毫升冲泡成茶汁。淀粉用凉水调成糊状。

在炖好的银耳泥中加入茶汁（不加茶叶），用湿淀粉勾芡，煮沸后加入适量的蜂蜜，调和后起锅入大碗中，撒上糖桂花上桌。

此款茶点甜润可口，清肺润肤。为增加羹汤的粘稠度，也可用冰糖调味。

凉拌鲜茶

原料：鲜茶叶50克，豆腐干100克，虾干20克，食盐、黄酒、鸡精、米醋、麻油各适量。

制法：将茶树鲜叶洗净，入滚水中一焯即起，去其青草气及苦涩味。放入干净容器中，加入少许食盐及米醋，腌渍约30分钟。

虾干去壳洗净，加黄酒浸胀。

豆腐干加清水滚透，弃其汤以去豆腥味，另添清水，加入虾干同煮。豆腐干与虾干一并也切成细末。三者入容器中，加少许鸡精、麻油拌匀，装盘即可。

此菜颇具古风野趣，口味清鲜，春意盎然。

做冻顶焖豆腐

原料：老豆腐500克，冻顶乌龙茶50克，花生米150克，色拉油、精盐、酱油各适量。

制法：将老豆腐洗净，入清水中滚煮约10分钟，去其豆腥味。

另换清水，入豆腐与冻顶乌龙茶，加少许酱油置旺火上煮沸，转文火清焖。需时约30分钟，待豆腐呈金黄色时，捞起冷却。

将锅置旺火上，入色拉油，待其五成热时下花生米，转文火炸酥捞出滤油。冷却后加适量细盐拌匀，入盘。

将豆腐切片装盘，与咸酥花生同时上桌。

做龙井白玉

原料河虾仁（或海虾仁）250克，龙井茶3克，熟春笋丁10克，水发香菇丁10克，鸡蛋清一个，熟猪油250克，黄酒10克，精盐、味精、生粉各少许。

制法：将虾仁放入水中，加一小撮细盐搅和，使虾仁表面体液去除，再反复用清水漂洗至洁白，然后沥去水分，并用干布捩干表面水分，再加入少许细盐、蛋清搅拌至产黏性，接着再放味精、生粉一匙，搅拌至虾仁表面有一层半透明的浆衣，放进冰箱冷藏室内2个小时，使之充分胀透，待用。

取茶杯一个，用沸水50毫升把茶叶泡开，约2至3分钟滤去30毫升茶水，留下茶叶和余汁待用。泡茶时不要加盖，水也不能过多。

将锅洗净，烧热，用冷油滑锅后倒出，再烧热，放入生油，烧至油四成热时放虾仁，并用筷子划散以防止粘连，见虾仁呈玉白色，即倒入漏勺中沥去油。

将锅洗净，放入黄酒，一匙汤水，细盐微量，烧沸后再放入笋丁，香菇丁，再烧沸，然后把茶叶连汁倒入，加味精，水温45度时，用水生粉半匙勾芡出锅装盘即成。

此菜特点虾仁玉白鲜嫩，茶叶翠绿清香，配以春笋、香菇，色泽调和，雅观悦目。

做太极碧螺春

原料：鸡脯肉50克，鱼脯50克，干贝15克，鸡蛋1枚，菜泥50克，茶粉（碧螺春）1克，高汤、黄酒、盐、鸡精各适量。

制法：将鸡脯肉、鱼脯肉、干贝用粉碎机打成茸。高汤煮沸加入黄酒、鸡精和盐，再加入打好的鸡茸、鱼茸、干贝茸、少许蛋清和生粉，煮成肉羹，倒入汤碗。

将菜泥、茶粉拌匀，加入高汤煮沸，再加入少许盐，煮成绿色茶羹，浇在肉羹碗里的一边，勾勒出一幅太极图案。

此菜特点是味道鲜美，口感清爽，太极图案的边缘相间，美不胜收。

做铁观音炖鸡

原料：嫩鸡一只（约1000克），铁观音茶25克，葱丝、姜丝各10克，酱油二大匙，白糖5克，花生油500克。

制法：将鸡宰杀、洗净，切成大块。铁观音茶用茶杯泡沏后，茶汤备用。

炒锅置火上，放入花生油，至五成热时放入鸡块炸至半熟，沥去油，再放入葱、姜丝、铁观音茶汤，大火烧开后放入酱油，然后以小火焖熟鸡块，最后加少许糖即成。

此菜特点是铁观音茶叶甘酽醇厚，与嫩肉鸡共烹制成的菜肴，肉嫩爽口，香鲜之味浓郁，茶香怡人，为茶叶美食佳肴。

做清蒸茶鲫鱼

原料：活鲫鱼一条（重约400至500克），绿茶10至15克。

制法：将鲫鱼去除鳃及脏杂，保留鱼鳞，洗净。然后在鱼腹内纳满绿茶，置于盘中，上笼清蒸至鱼肉熟透，即成。

此菜，具有健脾利湿、清热利尿的功效，常作为糖尿病、消渴症、饮水不止等患者的食疗方。每日一次，不加调味品，只淡食鱼肉。

茶道篇

论茶自古称鏊源，品水无出中泠泉。
莆中苦茶出土产，乡味自汲井水煎。
器新火活清味永，且从平地休登仙。
王侯第宅斗绝品，揣分不到山翁前。
临风一啜心自省，此意莫与他人传。

茶　道

古人把茶的采、制、烹、饮技艺及通过饮茶活动获得的精神感受，统统归于“茶道”。中国茶道有悠久的历史，是茶道的发源地。现代学术界对茶道的认识，有广义的，也有狭义的，有深奥的，也有浅显的。甚至有的茶叶爱好者只把茶道看成泡茶艺术。

茶道的定义

中国古代关于茶道的概念源于唐代释皎然的“三饮便得道”，其茶道的含义还是“饮茶而得道”的合成。与释皎然一脉相承的卢仝“七碗茶歌”，也表明茶道是品茶至“得道”时的心理感受。而唐代封演的《封氏闻见记》中记载的常伯熊茶道是具有广泛观赏美与文化艺术性的饮茶活动。

到了现代，有的学者认为，茶道是一门文化艺能，是茶事与文化的完美结合，是修养与教化的手段。简单来说，就是“茶中有道，以茶行道”。也有的学者认为茶道是一种室内艺能。还有的学者把茶道的概念阐述为以饮茶活动为形式，通过饮茶活动获得精神感受和思想上需求的满足。

当代茶界泰斗吴觉农先生在《茶经述评》一书中给茶道定义

是："把茶视为珍贵、高尚的饮料，饮茶是一种精神上的享受，是一种艺术，或是一种修身养性的手段。"周作人先生在《恬适人生·吃茶》中说："茶道的意思，用平凡的话来说，可以称作'忙里偷闲，苦中作乐'，享受一点美与和谐，在刹那间体会永久……"所以可以说茶道是一种文化艺术，是茶事与文化的完美结合，是修养和教化的一种手段。

茶道的形成应具备两个条件：一是茶的广为种植，二是茶的普遍饮用。中国茶道史可大体分为三个阶段：

第一时期，从神农到隋朝是中国茶道的酝酿时期。这段时间，茶事多次写入文化典籍。

第二时期，大约在唐代，是中国茶道的形成时期。陆羽是中国茶道的奠基人，他所著《茶经》是世界第一部全面论述茶的专著，共三卷，分源、具、造、器、煮、饮、事、略、图十节。陆羽将普通茶事升格为一种美妙的文化艺能，并提出茶道主张：精行俭德。

第三时期，是宋朝，中国茶道发展的鼎盛时期。然而宋朝贡茶一味求贵，文化一味求雅，斗茶游戏风靡一时，茶道已向王道倾斜，失去了茶道之质朴真诚。

如今，陶冶性情的茶道正渐渐融入现代都市人的休闲生活，各种茶艺也渐渐为人们所了解、采用。

茶 道 与 禅

"茶道"一词，最早见于唐代皎然和尚的《饮茶歌诮崔石使君》，诗曰：

> 越人遗我剡溪茗，采得金芽爨金鼎。
>
> 素瓷雪色飘沫香，何似诸仙琼蕊浆。
>
> 一饮涤昏寐，情思爽朗满天地；
>
> 二饮清我神，忽如飞雨洒轻尘；
>
> 三饮便得道，何须苦心破烦恼。
>
> 熟知茶道全尔真，唯有丹丘得如此。

品茶与悟道相结合，皎然开了个头。稍后，唐人封演的《封氏闻见录》说，原本南方人好饮茶，开元年间，北方人也饮茶成风，“多开店铺，煮茶卖之，不问道俗，投钱取饮”，茶叶产量也大幅度增长。此后，陆羽又云：“为茶论，说茶之功效并煎茶、炙茶之法，造茶具二十四事，以都统笼贮之。远近倾慕，好事者家藏一副。有常伯熊者，又因鸿渐（即陆羽）之论广润色之，于是茶道大行。”可以看出，“茶道”一词的出现，与饮茶习俗流行、陆羽《茶经》、煎茶法、茶具问世有关，恐怕也和佛教南禅宗的流行有关。

需要说明的是，皎然和封演说的“茶道”，和日本长期流行的“茶道”虽有一定的联系，但并非一回事。皎然的“茶道”，仅仅用来表明茶与道、也就是品茶和参禅悟道之间有密切的联系。或者说，日本的茶道是茶中有“道”，茶即为道，茶中包含超越物质、超越现实的“形而上”；中国古代的茶道是“以茶喻道”“借茶悟道”之意，茶在其中充当的是道具的功能，而非本体。下面描述的禅宗诸多“公案”，就是“以茶喻道”形象的表现。

“以茶喻道”的观念在古代一以贯之，尤其到了明代，随着士大夫禅悦之风的盛行，两者的关系更为紧密。明人乐纯的《雪庵清史》开列居士每日“清课”，必须做的事是：焚香、煮茗、习静、寻僧、奉佛、参禅……煮茗居然成了第二桩大事，排在奉佛和参禅之前了。

茶与道教

茶与道教的联系源长流久，据记载，道教人士最早种茶的是三国时期的葛玄，葛玄是东吴最著名的方士，善于变化，据称修道成仙，道教中称为“葛仙翁”“太极左仙公”，他的重孙就是道教史上赫赫有名的大道士葛洪。葛玄主要活动在天台山一带，葛玄开辟的茶圃，就在天台山，《天台山志》载：“葛玄植茶之圃已上华顶。”是中国浙江境内植茶最早的文字记载。

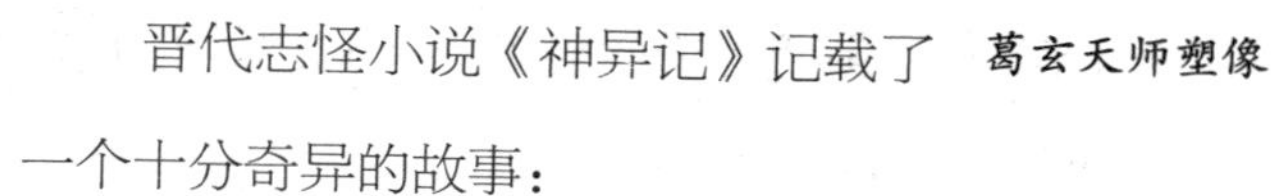

葛玄天师塑像

晋代志怪小说《神异记》记载了一个十分奇异的故事：

余姚人虞洪，入山采茗，遇一道士，牵三青牛，引洪至瀑布山，曰："予，丹丘子也。闻子善具饮，常思其惠。山中有大茗，可以相给，祈子他日有瓯牺之余，乞相遗也。"因立奠祀。后常令家人入山，获大茗焉。

丹丘子是道教传说中的仙人，"大茗"即好茶，本是仙人的专利。虞洪能获大茗，完全由于丹丘子指引了前进的方向，说明仙人喜欢饮茶，而且大公无私，为人民服务，向觉悟高的群众揭示了大茗的秘密。奇怪的是，仙人明明是大茗的主人，继续拥有大茗，却"乞相遗也"，向凡夫俗子讨茶喝。大概是他们生性懒散，不高兴烹煮；或工作繁忙，没时间煎茶；或者能接受到凡人献祭的茶，在仙界里会提高威信，提升职称，或许可算作一项政绩，当然也可能是他们认为自己办了好事，应该得到回报，不过态度谦虚，语气婉转一点罢了。

陆羽《茶经》里也提到茶与道教的联系，第七章引壶居士《食忌》："苦茶，久食羽化。"所谓"羽化"，是道家、道教典籍的一个专有名词，就是飞升成仙的意思。古人很淳朴，以为只有长着羽毛的鸟儿才能飞上天。人要成仙上天，见那些修炼成功的战友和天界的领导，必须长期坚持饮茶，争取"羽化"，让身上长满羽毛、生出翅膀，这样才符合成仙的基本要求，然后由老资格仙人引导上天。想起来有点害怕，天上美丽白皙的仙女，身上居然都长着羽毛，简直成了"白毛女"，外加一对翅膀。

说到"羽化"，顺便讲个毛人与茶的故事，不过不是"白毛女”，而是“白毛男”。《续搜神记》说：

晋孝武世，宣城人秦精，常入武昌山中采茗，忽遇一人，身长丈余，遍体皆毛，从山北来。精见之，大怖，自谓必死。毛人径牵其臂，将至山曲，入大丛茗处，放之便去。精因采茗，须臾复来，乃探怀中二十枚橘与精，甘美异常。精甚怪，负茗而归。

这个毛人只能是“怪”，同样“羽化”，没飞上天总是失败得很，所以人看到它害怕，尽管毛人很善良、很大方。

《茶经》还讲了个与道教徒有关的饮茶故事：

敦煌人单道开，不畏寒暑，常服小石子；所服药有松、桂、蜜之气，所饮茶苏而已。

这个单道开，历史上确有其人，据记载，他本姓孟，隐栖修行，达到了“辟谷”的境界，也就是可以不吃粮食。过了几年，竟然冬能自暖，夏能自凉，昼夜不睡，日行700余里。他在河南临漳县昭德寺修行时，除了常食道家服用的白石、松、桂、蜜之气外，所喝的仅仅是紫苏茶。后来，单道开又到广东罗浮山修行，一直活到100多岁。

佳人与茶

苏轼《次韵曹辅寄壑源试焙新茶》诗中说：“从来佳茗似佳人。”

这是苏东坡的名句，形容好茶如美女，写得颇为雅致。在人类的一切“爱”之中，性爱无疑是最强烈的、至高无上的，从本质上说，它是人类、也是一切物种得以衍生的根本原因，因而由性爱升华的爱情，也是人类最纯洁、最高尚的情感。所以，对于美女的爱，作为一个男人，很难避免，所谓“爱美之心，人皆有之”，“英雄难过美人关”，十分正常。

既然如此，那么，怎样表达对茶叶的至爱呢？古人就把青翠欲滴、芬芳扑鼻的好茶，视为美女。明人许次纾《茶疏》说：

> 一壶之茶，只堪再巡。初巡鲜美，再则甘醇，三巡意欲尽矣。余尝与冯开之戏论茶候，以初巡为婷婷袅袅十三余，再巡为碧玉破瓜年，三巡以来，绿叶成荫矣。开之大以为然。

“戏论茶候”中，多少沾有明代文人声色之好的不良习气，推究起来，可能与许次纾的身世经历有关。许次纾，字然明，号南华，其父许茗山官至布政使。许次纾生性大方，挥金如土，好蓄奇石，好品泉，又好客，还喜好外出旅游，当然最爱好的就是饮茶，爱好多多，唯一不爱的就是如何挣钱，家道就在他手中败落。为什么会落到这一地步呢？除了明代中后期的时尚、公子哥儿的出身、豪爽个性等原因外，许次纾还“跛而能文”，有才华，偏偏身残体缺，从心理学角度看，这类人极易受伤害，亦易偏激，一旦偏激，便大胆得出奇，敢为人先，敢于炫耀，敢说人所不敢言，上述一番话便不免有点恶俗。

同样将茶比美人，他的好友冯开之说得就比较委婉些，《梅花草堂笔谈》载：“冯开之先声喜饮茶，而好亲其事。人或问之，答曰：‘此如事美人，如古法书画，岂宜落他人手。’闻者叹美之。”

美人喻茶，已经够浪漫的了，如若佳茗加佳人，岂非愈加风流倜傥。唐代崔珏《美人尝茶行》这样描写：

云鬟枕落困春泥，玉郎为碾瑟瑟尘。

闲教鹦鹉啄窗响，和娇扶起浓睡人。

银瓶贮泉水一掬，松雨声来乳花熟。

朱唇啜破绿玉时，咽入香喉爽红玉。

明眸渐开横秋水，手拨丝簧醉心起。

台前却坐推金筝，不语思量梦中事。

美人春睡，玉郎奉茶，朱唇啜茗，明眸渐开，何等艳情。可惜，这位美女并不十分领情，最后两句写她默默无语，心中思量的，分明是梦中的“他”。到了明代，星移斗转，绝对男尊女卑，美人只剩捧茶的资格，品茗享用的，换成了男子汉大丈夫，请看明代“后七子”领袖、文坛盟主王世贞的词《解花语·题美人捧茶》：

中泠乍汲，谷雨初收，宝鼎松声细。柳腰娇倚，熏笼畔，斗把碧旗碾试。兰芽玉蕊，勾引出清风一缕。颦翠娥斜捧金瓯，暗送春山意。微袅露鬟云髻，瑞龙涎犹自沾恋纤指。流莺新脆低低道：卯酒可醉还起双鬟小婢，越显得那人清丽。临饮时须索先尝，添取樱桃味。

饮茶境界

为了解渴而喝茶，爱怎么喝就怎么喝，谁也管不着，大口吞咽更显男子汉气派。

品饮茶叶就不同了，饮者并非为解渴，而是希冀获得一次休闲、一种惬意、一分宁静，饮茶的境界问题也因此而起。

首先是外部环境，唐代“大历十才子”之一的钱起，有《与赵莒茶宴》诗：

竹下忘言对紫茶，全胜羽客醉流霞。
尘心洗尽兴难尽，一树蝉声片影斜。

诗歌描述了茶宴的环境，幽篁丛中、绿荫之下，香茗洗净凡心，荡涤尘埃，与宴之人兴难尽，一直喝到夕阳晚照，蝉鸣声声。

他们以大自然的美景，作为品饮的环境，相得益彰。

至于人工环境，明代文震亨的《长物志》有个构想：

构一斗室，相傍山斋，内设茶具，教一童专主茶役，以供长日清谈，寒宵兀坐。幽人首务，不可少废者。

文震亨的追求比较简单，只要依山傍水，有嘉客，有人服务就行，屋子小点也没关系。明末的冯正卿要求却十分严格、具体，他的《岕茶笺·茶宜》提出了适宜品茶的十三项条件：

一无事，俗务去身，修闲自得；二嘉客，志趣相投，主客两洽；三幽坐，心地安逸，环境幽雅，四吟诗，激发诗思，口占吟诵；五挥翰，濡毫染翰，泼墨挥洒；六徜徉，小园香径，闲庭信步；七睡起，酣睡初起，大梦归来；八宿酲，宿醉未消，惟茶能破；九清供，鲜爽瓜果，清口佐茶；十精舍，茶室雅致，布置精巧；十一会心，心有灵犀，彼此意会；十二赏鉴，精于赏茶，擅长品鉴；十三文童，伶俐书童，胸有点墨。

这些都属外部条件，对于茶本身，冯氏提出“藏茶”“辨真赝”等方法，求取真品佳茗；水，则用上等泉水，“水不可太滚”；茶具，以窑器为上，锡次之，至少“以适意为佳”；茶壶，“以小为贵，每一客，壶一把，任其自斟自饮，方为得趣”。

许次纾《茶疏·饮时》也列举了品饮的诸多条件：

心手闲适、披咏疲倦、意绪棼乱、听歌拍曲、歌罢曲终、杜门避事、鼓琴看画、夜深共语、明窗净几、洞房阿阁、宾主款狎、佳客小姬、访友初归、风日晴和、轻阴微雨、小桥画舫、茂林修竹、课花责鸟、荷亭避暑、小院焚香、酒阑人散、儿辈斋馆、清幽寺观、名泉怪石。

上述说法林林总总，无非环境、人际、茶水三个方面。但是，这三个因素不能相互割裂，要达到高度的融合。人与环境要“天人合一”；人与人之间，要志趣相投、彼此默契；这时，品啜佳茗，便能实现“淡泊以明志，宁静而致远”的理想，达到融融合合、浑浑冥冥、物我一体的最高境界。

茶酒的辩论

20世纪初，敦煌莫高窟藏经洞近5万卷遗书的发现，为研究中国唐五代时期的社会政治、经济、史地、民族、宗教、哲学、文学、艺术、语言、科技、习俗、中外交流，等等，提供了极其珍贵的文献资料，从而形成了一门国际性的显学“敦煌学”。研究者开始关注与平民百姓最贴近的通俗文学、文化资料，超越了以传统典籍为唯一对象的研究局限，打开了学术研究的新篇章。

郑振铎的《中国俗文学史》说：“在敦煌所发现的许多重要的

中国文书里，最重要的要算‘变文’了，在‘变文’没有发现以前，许多文学史上的重要问题，都成为疑案而难以有确定的回答。”变文，简称“变”，广义的变文是故事说唱类作品，包括多种样式，其中有文字浅近的俗赋。《茶酒论》就是变文中的一篇俗赋，以一问一答的方式，让茶和酒各自夸耀，争论不休，最后由水来调停，全文如下：

郑振铎雕塑

序：窃见神农曾尝百草，五谷从此得分。轩辕制其衣，流传教示后人。仓颉制其文字，孔丘善化儒因。不可从头细说，撮其枢要之陈。暂问茶之与酒，两个谁有功勋？阿谁即合称尊？今日各须立理，强者先光饰一门。

茶乃出来言曰：“诸人莫闹，听说些些。百草之首，万木之花。贵之取蕊，重之摘芽。呼之茗草，号之作茶。贡五侯宅，奉帝王家。时新献入，一世荣华。自然尊贵，何用论夸！”

酒乃出来：“可笑词说！自古至今，茶贱酒贵。箪醪投河，三军告醉。君王饮之，叫呼万岁，群臣饮之，赐卿无畏。和死定生，神明歆气。酒食向人，终无恶意。有酒有令，仁义礼智。自合称尊，何劳比类！”

茶为酒曰：“阿你不闻道：浮梁歙州，万国来求。蜀山蒙顶，登山蓦岭。舒城太湖，买婢买奴。越郡余杭，金帛为囊。素紫天子，人间亦少。商客来求，舡车塞绍。据此踪由，阿谁合少？”

酒为茶曰：“阿你不闻道，齐酒乾和，博锦博罗。蒲桃九酝，于身有润。玉酒琼浆，仙人杯觞。菊花竹叶，君王交接。中山赵母，甘甜美苦。一醉三年，流传今古。礼让乡闾，调和军府。阿你头脑，不须干努。”

茶为酒曰：“我之茗草，万木之心。或白如玉，或似黄金。名僧大德，幽隐禅林。饮之语话，能去昏沉。供养弥勒，奉献观音。千劫万劫，诸佛相钦。酒能破家散宅，广作邪淫。打却三盏以后，令人只是罪深。”

酒为茶曰：“三文一缸，何年得富酒通贵人，公卿所慕。曾遣赵主弹琴，秦王击缶。不可把茶请歌，不可为茶教舞。茶吃只是腰疼，多吃令人患肚。一日打却十杯，肠胀又同衙鼓。若也服之三年，养虾蟆得水病报。”

茶为酒曰：“我三十成名，束带巾栉。蓦海骑江，来朝金室。将到市廛，安排未毕。人来买之，钱财盈溢。言下便得富饶，不在明朝后日。阿你酒能昏乱，吃了多饶啾唧。街中罗织平人，脊上少须十七。”

酒为茶曰：“岂不见古人才子，吟诗尽道：渴来一盏，能养性命。又道：酒是消愁药。又道：酒能养贤。古人糟粕，今乃流传。茶贱三文五碗，酒贱盅半七文。致酒谢坐，礼让周旋。国家音乐，本为酒泉。终朝吃你茶水，敢动些些管弦！”

茶为酒曰："阿你不见道：男儿十四五，莫与酒家亲。君不见狌狌鸟，为酒丧其身。阿你即道：茶吃发病，酒吃养贤。即见道有酒黄酒病，不见道有茶疯茶颠。阿阇世王为酒⿰畾煞父害母，刘零为酒一死三年。吃了张眉竖眼，怒斗宣拳。状上只言粗豪酒醉，不曾有茶醉相言。不免囚首杖子，本典索钱。大枷榼项，背上抛椽。便即烧香断酒，念佛求天，终生不吃，望免迍邅。"

两个政争人我，不知水在旁边。

水为茶酒曰："阿你两个，何用忿忿？阿谁许你，各拟论功！言词相毁，道西说东。人生四大，地水火风。茶不得水，作何相貌？酒不得水，作甚形容？米曲干吃，损人肠胃。茶片干吃，只砺破喉咙。万物须水，五谷之宗。上应乾象，下顺吉凶。江河淮济，有我即通。亦能飘荡天地，亦能涸煞鱼龙。尧时九年灾迹，只缘我在其中。感得天下钦奉，万姓依从。犹自不说能圣，两个何用争功？从今以后，切须和同。酒店发富，茶坊不穷。长为兄弟，须得始终。若人读之一本，永世不害酒颠茶疯。"

《茶酒论》共分三个部分，首先是小序，引出茶酒之争。接着，茶酒开始争辩，一来一去，五个回合，分别就历史地位、影响大小、功能效用、经济价值、社会作用五个方面展开辩论。最后，由水来评判，说茶、酒都离不开水，如同兄弟，批评它们"何用争功"，要求做到"切须和同"，结束了这场精彩的论争。

活水还须活火烹，

自临钓石取深清。

大瓢贮月归春瓮，

小杓分江入夜瓶。

雪乳已翻煎处脚，

松风忽作泻时声。

枯肠未易禁三碗，

坐听荒城长短更。

苏轼《汲江煎茶》

茶文篇

君山之茶不可得，只在山南与山北。

岩缝石隙露数株，一种香味哪易识。

茶　　文

古代茶人多为文人墨客，于是茶便与文学和书画联系在一起了，也就成了文人墨客和丹青手的钟爱；茶不仅仅是他们的题材，也融入到了他们的血液，他们把茶注入自己的作品，激发出一种双向渗透的共鸣。

茶与艺文

《荈赋》

近代著名学者王国维有这样的评论：

“凡一代有一代之文学，楚之骚、汉之赋、唐之诗、宋之词、元之曲，皆所谓一代之文学，而后世莫能继焉者也。”

除了楚辞，赋的资格最老，兴盛亦最早。那么，让我们看看中国历史上第一篇茶赋，晋代杜育的《荈赋》：

灵山惟岳，奇产所钟。厥生荈草，弥谷被岗。承丰壤之滋润，受甘霖之宵降。月惟初秋，农功少休，结偶同旅，是采是求。水则岷方之注，挹彼清流。器泽陶简，出自东隅。酌之以瓠，取式公刘。惟兹初成，沫沉华浮。焕如积雪。晔若春敷。

全赋虽然不长，但已涉及到茶叶生长到饮用的全过程，描写了茶叶种植的环境、生长的条件、茶农的辛劳、茶水的选择、器具的使用、煎茶的过程，以及茶汤的美感。以后，唐人顾况、宋人吴淑都有《茶赋》；梅尧臣则写《南有佳茗赋》，黄庭坚写《煎茶赋》，以赋咏茶，大有人在。

其中，黄庭坚《煎茶赋》堪称茶赋中的精品：

汹汹乎如涧松之发清吹，皓皓乎如春空之行白云。宾主欲眠而同味，水茗相投而不浑。苦口利病，解醪涤昏，未尝一日不放箸，而策茗碗之勋者也。

余尝为嗣直瀹茗，因录其涤烦破睡之功，为之甲乙。建溪如割，双井如挞，日铸如绝。其余苦则辛螫，甘则底滞，呕酸寒胃，令人失睡，亦未足与议。或曰无甚高论，敢问其次。涪翁曰：味江之罗山，严道之蒙顶，黔阳之都濡高株，泸川之纳溪梅岭，夷陵之压砖，临邛之火井。不得已而去于三。则六者亦可酌兔褐之瓯，瀹鱼眼之鼎者也。

或者又曰：寒中瘠气，莫甚于茶。或济之盐，勾贼破家，滑窍走水，又况鸡苏之与胡麻。涪翁于是酌岐雷之醪醴，参伊圣之汤液，斮附子如博投，以熬葛仙之垩。去蕿而用盐，去桔而用姜，不夺茗味，而佐以草石之良，所以固太仓而坚作强。于是有胡桃松实、菴摩鸭脚，勃贺靡芜，水苏甘菊，既加臭味，亦厚宾客。前四后四，各用其一，少则美，多则恶，发挥其精神，又益于咀嚼。

盖大匠无可弃之材，太平非一士之略。厥初贪味隽永，速化汤饼，乃至中夜不眠。耿耿既作，温齐殊可屡歆。如以六经，济三尺法，虽有除治，与人安乐，宾至则煎，去则就榻，不游轩石之华胥，则化庄周之蝴蝶。

全赋可分四个部分，首先描写了茶汤之美，及茶叶的提神功能。其次，为各种茶叶排名次，建溪、双井、日铸为上等；罗山、蒙顶等次之。第三谈谈茶汤中是否可以加盐之类，黄庭坚认为，应该将辛辣味的附子、蓤、桔等坚决去除，可适当添放些盐、姜及少量其他的“草石之良”，以达到“不夺茶味”“发挥其精神，又益于咀嚼”的效果。最后说，饮茶应该从“贪味隽永，速化汤饼，乃至中夜不眠”的初级阶段，逐步上升到“宾至则煎，去则就榻”的自如阶段。

茶诗掇英

说到茶诗，最出名的、最为脍炙人口的，应该是唐人卢仝的《走笔谢孟谏议寄新茶》：

日高丈五睡正浓，军将打门惊周公。

口云谏议送书信，白绢斜封三道印。

开缄宛见谏议面，手阅月团三百片。

闻道新年入山里，蛰虫惊动春风起。

天子须尝阳羡茶，百草不敢先开花。

仁风暗结珠蓓蕾，先春抽出黄金芽。

摘鲜焙芳旋封裹，至精至好且不奢。

至尊之余合王公，何事便到山人家？

柴门反关无俗客，纱帽笼头自煎吃。

碧云引风吹不断，白花浮光凝碗面。

一碗喉吻润；两碗破孤闷；

三碗搜枯肠，唯有文字两千卷；

四碗发轻汗，平生不平事，尽向毛孔散；

五碗肌骨轻；六碗通仙灵；

七碗吃不得也，唯觉两腋习习清风生。

蓬莱山，在何处？玉川子乘此清风欲归去。

山中群仙司下土，地位清高隔风雨。

安得知百万亿苍生命，堕在颠崖受辛苦！

便为谏议问苍生，到头合得苏息否？

卢仝，自号玉川子，范阳（今北京大兴县附近）人，家境贫困，隐居少室山，终日苦吟。朝廷两度征召他为谏议大夫，均不就。韩愈为河南令，与卢仝交往，交谊甚厚。

这是一首近乎口语的诗，将饮茶的生理与心理感受抒发得淋漓尽致。诗分两条线索，一条线写得茶、烹茶、饮茶、饮后的感受，以自我为主，写得狂逸纵恣，有一气呵成的快感，另一条线写实，写贡茶、赐茶、天子和王公贵族的奢靡；再写采茶、制茶的艰辛。最后点出主题：为百万亿苍生请命。这首诗构想奇异夸诞，文字却通俗明了，被后人称为“卢仝茶歌”。此诗对后人的影响颇大，许多诗人写茶诗，如宋代苏轼的《汲江煎茶》、梅尧臣的《尝茶和公议》，元代耶律楚材的《西域从王君玉乞茶因其韵》、谢宗可的《茶筅》，明代潘允哲的《谢人惠茶》、徐渭的《某伯子惠虎丘茗谢之》等，都不同程度地化用、借用了卢仝此诗诗意。

历代茶诗不胜枚举，这里再介绍一首形式特殊的宝塔诗，那就是唐代元稹的《一字至七字诗·茶》：

茶

香叶，嫩芽。

慕诗客，爱僧家。

碾雕白玉，罗织红纱。

铫煎黄蕊色，碗转曲尘花。

夜后邀陪明月，晨前独对朝霞。

洗尽古今人不倦，将知醉后岂堪夸。

诗歌形式别致，内容却很丰富，先写茶为何物，她爱哪些人；次写煎茶和品茶环境；末写饮茶的效果。诗歌形式如金字塔，将茶形、茶性、茶色、茶具、茶景和茶情一一展开，别有一番风韵。

最后看看陆游晚年的一首茶诗《雪后煎茶》：

雪液清甘涨井泉，自携茶灶就烹煎。

一毫无复关心事，不枉人间住百年。

这首诗作于南宋嘉定元年（1208年），作者已经83岁了，人到这把年纪，还有什么可关心的呢？唯一关心的是，用雪水、清泉水煎点好茶，幸好“雪液清甘涨井泉”，老人自煎自饮，有一股说不出的舒坦。

一幅古画

《萧翼赚兰亭图》高27.4厘米，宽64.7厘米，绢本，设色，无款印。画后面有宋代绍兴年间进士沈揆、清代画家金农的题款，明代成化年间进士深翰的跋文。画的作者相传是唐代著名人物画家阎立本。

画面上共有五个人，中间一位是80高龄的和尚辩才，手持拂尘，正在夸夸其谈；一位是书生模样的萧翼，正在听老僧说话，表面上洗耳恭听，但掩盖不了自得之色；另有一僧侍立其间。右面是烹茶的老人和侍者，老人蹲坐蒲团，手持茶铛置于风炉上，一副精心调制、烹茶的样子，侍者手捧茶托、茶碗，欲等茶汤烹好，端给主人和来客萧翼。风炉上的铁锅汤水沸腾，方形茶桌上有茶托、茶碗、茶碾和茶罐。画面上，不仅人物神态各异，惟妙惟肖，而且形象地反映出当时民间的茶具、茶俗和茶礼。

应该说，这是美术史上的珍品，茶文化的珍贵资料。可是，就在这幅画的背后，隐藏着一个十分凄凉而又扑朔迷离的故事。

众所周知，书圣王羲之《兰亭集序》是书法史上的“天下第一行书”。后来，《兰亭集序》为王羲之七世孙智永和尚所藏，智永年近百岁之际，传给了得意弟子辩才，就是画中的那位老僧。辩才严守师命，在大梁上凿了个暗槛，把《兰亭集序》珍藏其中。

王羲之兰亭序拓本

时值唐代贞观年间，太宗李世民独爱书法，尤其欣赏王羲之的字，发誓要收尽王羲之的墨宝。可是，长期以来，偏偏《兰亭集序》不见踪影，经过反复查询，他终于得知，藏在辩才手中。唐太宗大喜，将辩才请入宫中，以礼相待，慢慢将话题引到《兰亭集序》。可是，老谋深算的辩才，一口咬定此帖已不知下落。太宗几次三番地请辩才进宫，都没有结果，害得皇上整天没有好心情。于是，尚书仆射房玄龄向太宗推荐监察御史萧翼，让他来完成这一艰巨的任务。萧翼向太宗借了一些王羲之父子的帖，便去执行使命了。

萧翼一路来到越州，身着黄衫，打扮成书生模样，走进辩才所在的永欣寺。两人邂逅而遇，寒暄一番后，进入禅房，他们“即共围棋抚琴，投壶握朔，谈说文史，意甚相得”，辩才十分欣赏萧翼的才气，将萧翼留宿在寺中。

如此这般，过了好几天，萧翼对辩才说：“弟子先祖，皆传

王羲之塑像

二王法书，弟子亦从小把玩，身边带有数帖。”辩才高兴极了，执意要萧翼取出一看。辩才将几本帖一一看过，露出失望的神态，颇为矜持地说：“是即是亦，然未佳善。贫僧倒有一真迹，不同寻常。”萧翼一问，是《兰亭集序》，欲擒故纵，讥笑着说：“数经离乱，真迹岂在想必是伪作已。”辩才被激怒了，约定明天一起看《兰亭集序》真迹。

第二天，萧翼应约而来，辩才已取出《兰亭集序》。萧翼压制心中的狂喜，一本正经地说是伪作，两人展开了激烈的争论，辩才滔滔不绝地陈述理由，萧翼只得恭听，但心中的喜悦很难掩饰，只是辩才太激动了，竟然没有察觉。这就是《萧翼赚兰亭图》的画面内容，就像照相机，摄下了历史的瞬间。

那天，《兰亭集序》给萧翼看过后，辩才再没有放回房梁上。几天后，趁辩才临时走开，借口取帖，骗小和尚进了书房，将《兰亭集序》和几本杂帖卷走。到了地方衙门，萧翼以御史身份传见辩才，向他说明奉旨来取《兰亭集序》。辩才一听，顿时昏厥，没几天，就魂归西天了。

这真是个令人扼腕的结局。辩才轻信，辜负了老师的期望，丢了帖，也丢了命，萧翼却在奉旨的借口下，骗了一位诚挚、热心的老人，一个与世无争的和尚，当然，他赚了画，也赚了名利地位；但是，他丢的是诚信和良心。

故事还没有结束。有趣的是，宋代有人提出，这幅画不是《萧翼赚兰亭图》，而是《陆羽点茶图》。宋代董逌的《广川画跋》列举各种理由，说画的是代宗年间，唐代宗请来智积和尚，暗请陆羽，让陆羽替老师煎茶，试试智积能否非陆羽的茶不喝。

20世纪60年代，中国书法界、学术界对王羲之《兰亭集序》书迹真伪展开过一场大讨论，其中有文章涉及到《萧翼赚兰亭图》的真伪问题，认为图中老僧的禅榻、麈尾、水注的形制，以及书生的幞头、煮茶的风炉形状等，均为“五代、北宋时出现的，皆唐初所未见”，和传世的阎立本《步辇图》《历代帝王图》相比较，笔意不相似。此画应该是五代或北宋画的人物故事图，有人以为，就是《陆羽点茶图》。

如果确实是《陆羽点茶图》的话，中国茶文化史上，又添了一份异彩。但是，画的作者就不可能是阎立本了，因为陆羽出生时，阎立本已经死去60多年。那么，这幅画究竟出自何人之手，又是一个谜。

总之，《萧翼赚兰亭图》的真伪、作者，等等，至今还是个扑朔迷离的“悬案”，也许永远都将是个“无头案”。

茶事名帖

说到书法与茶的结缘，首先要介绍的一定是怀素。因为怀素的生平，包括他学习书法的复杂经历、艺术见解和交游关系，都依赖于陆羽的《僧怀素传》而得以保存。

怀素，字藏真，湖南长沙人，俗姓钱。“大历十才子”之一、以“曲终人不见，江上数峰青”出名的大诗人钱起，就是怀素的长辈。怀素从小出家当和尚，发奋练习书法，因为贫困，没有练习写字的纸，怀素就种了上万株芭蕉，用芭蕉叶当纸练字。很快，芭蕉叶用完，怀素在盘子上涂一层漆，又漆了块方板，用来练字，反复书写，直至将盘、板都写穿了。

少年的怀素就已经名满天下，李白曾称赞道："少年上人号怀素，草书天下称独步。墨池飞出北溟鱼，笔锋杀尽山中兔。"但他仍感到自己"未能远睹前人之奇迹，所见甚浅。遂担笈杖锡，西游上国，谒见当代名公"。在京师长安，他拜见了大书法家张旭、颜真卿、韦陟、邬彤等，转益多师，终于成为中国书法史上顶尖的大师之一。怀素的书法以草书见长，尤善狂草，世人将他和张旭并称为"颠张醉素""张颠素狂"。

怀素的茶帖叫《苦笋帖》，只有寥寥14个字："苦笋及茗异常佳，乃可径来，怀素上。"但它却是现存最早的与茶有关的佛门法帖。帖为绢本，长25.1厘米，宽12厘米，字径约3.3厘米，现藏于上海博物馆，堪称书林、茶界之一大瑰宝。

北宋"四大家"之一的蔡襄有《自书诗卷》，素笺本，乌丝栏，长28.2厘米，宽221.1厘米，收藏于故宫博物馆。《自书诗卷》共书有诗10首，其中《即惠山泉煮茶》是一首优秀的茶诗：

此泉何以珍，适与真茶遇。
在物两称绝，于予独得趣。
鲜香筋下云，甘滑杯中露。
当能变俗骨，岂特湔尘虑。
昼静清风生，飘萧入庭树，
中含古人意，来者庶冥悟。

诗歌的意思是，天下第二泉的水，一旦遇上真茶，便焕发奇甘异香，使人获得超凡脱俗的至高享受，领悟到古人清静无为的境界。同时，《即惠山泉煮茶》墨迹又是珍贵的书法作品，用笔灵活多变，线条流畅，粗细合度，自如天成。

诗中蔡襄以真茶与珍泉并称“两绝”，那么，此帖就是书艺、茶道的“双绝”。

苏轼的《啜茶帖》也是有关茶事的名帖，尽管写的是大白话：“道源无事，只今可能枉顾啜茶否？有少事须至面白。孟坚必已好安也。轼上，恕草草。”此帖亦称《致道源帖》，写于北宋元丰三年（1080年），是苏轼邀请道源前来饮茶谈事的一张便笺，道源姓刘，名采，宋神宗诗授朝奉郎，是一名画家，擅长画鱼，兼擅词的创作。

《啜茶帖》为纸本，竖23.4厘米，横18.1厘米，22个字共分四行，用墨丰润而笔力透彻，挥洒自如，天然成趣，现藏于故宫博物馆。

茶　联

由于饮茶的雅致与闲适，因而人们往往将它与性质相近的品诗结合在一起、融会于一体。这是中国人的独特的人生意境。最能体现这种人生意境的就是饮茶的对联。因茶赋诗，诗中寓茶，慢饮茶，细品诗，其乐无穷。

先来看一则清代文人郑板桥题对联的趣闻：郑板桥有一次到镇江金山寺去游览。寺里管招待的和尚见他衣着简朴，以为不过是个普通的游客，便很随便地说了声：“坐，茶。”郑板桥没理会他，却挺仔细地欣赏着墙壁上的书画。和尚心想，这个人大概不是一般的俗客，就稍微客气地又招呼说：“请坐，泡茶。”边说边走上前去请教姓名。当他得知是大名鼎鼎的画家郑板桥时，立刻眉开眼笑，毕恭毕敬地逢迎说：“请上坐，泡好茶。”当郑板桥要告辞离去时，和尚拿出纸墨笔砚，敬请他为金山寺题副对联。郑板桥并不推辞，含笑拿起笔来，在纸上书写了下面两行字：

郑板桥画像

坐，请坐，请上坐；

茶，泡茶，泡好茶。

语言明白如话，通俗易懂，却又节律齐整，暗含讥刺，既体现了一般接人待客的基本礼仪和习俗，又顺势嘲讽了那种较为势利的社会风气。也有人认为，这幅对联是苏轼任杭州通判时所遇之事。不管怎么说，这副对子从此成了有名的茶馆对联，人们轻松吟读，含笑领悟。

当然，郑板桥的这副近似打油诗似的对联，因着眼于世俗，而与茶品、茶艺有点距离。更多的茶楼、茶馆中的对联，与茶本体内容较为贴近。例如，同样以茶名雀舌（以芽尖嫩而命之）、龙团（原为印龙凤图纹的制成圆形的贡茶）入联儿的就有“清泉烹雀舌，活水煮龙团”“瑞草抽芽分雀舌，名花采蕊结龙团”“独携天上小龙团，来试人间第二泉”等佳句。此外，还有如“入山无处不飞翠，碧螺春香万里醉”这样更为直接以茶名嵌进的对联。读这样的佳句，人们感受到的是一种茶绿花红、馨气扑鼻的自然意境和名茶的品牌意蕴。

一方水土养一方茶，中国地大物博，因此而名茶荟萃、色香各异。历代骚人墨客留下颂赞这一特点的诗句不少，人们将其或自然汇拢、或稍加改动，便有了另一番情趣。如将钱起题的咏茶与李白的咏酒句结合在一起的对联“阳羡春茶瑶草碧，兰陵美酒郁金香”、改苏轼名诗的“欲把西湖比西子，从来佳茗似佳人”对联和自创的颇具对偶美的“扬子江中水，蒙山顶上茶”这样的楹联，都会令人想象到产茶地的山河乡野的独特风景和风光。

茶的名声与品位离不开那滋润它的山水河川，更离不开养育它的劳作的人与劳心的人，因创作吟咏诗篇需有一定的文化修养，因而饮茶对联涉及的劳心的文人骚客更多一些。如“陆羽闲情常品茗，元龙豪气快登楼”“花间渴想相如露，竹下闲参陆羽经”“相如聊解渴，谢眺喜凝眸”，等等。陆羽写过《茶经》自然值得一书；司马相如是西汉著名的文学家，只因有消渴病，就与茶结了缘；谢眺以写山水诗、情书著称，能以关注山水、爱情的眼神“凝眸”茶色，却也可入联儿。

讲到情，中国是寓情于景，缘物生情之诗歌创作繁盛的大国，饮茶的对联也不例外，品茶抒情，寄情于茶的楹联俯拾皆是，浅近通俗的如：“一杯小世界，品尝人世情。”典雅蕴藉一点的有：“只缘清香成清趣，全国浓酽有浓情”“美酒千杯难成知己，清茶一盏也能醉人”，朴实自然一点的还有“酒醒饭饱茶香，花好月圆人寿”，等等，都有“情景交融，物我双会”之意味。

普通的中国人交际接待，以茶侍奉是必不可少的；文人应酬交友，茶则为联络友谊、心心相印的有情物。旧时镇江的一所江西会馆中故而有这样的对联：

座中多是故乡人，喜一塌茶烟，

好同适南浦朝云，西山暮雨；

江上别开名胜地，近二分明月，

试凭眺东流雪浪，北固晴霞。

一些文化人，更是利用汉语的独特性质，运用镶嵌、谐音、回文等修辞手法，将友情、意境与具体的人名、茶馆名等巧妙地组合在一起，形成一种读来琅琅上口，意蕴咀嚼无穷的对联。

1994年金秋，台湾中华茶文化学会理事长范增平先生与上海著名的筷收藏家蓝翔亲切会面。范先生将一副自己所撰的对联赠给蓝翔。上联是“蓝水为岸茶七碗”，下联为“翔泳无涯筷一双”。这是一种鹤顶格的嵌字联，蓝翔名字嵌在上下联的第一个字，而“茶七碗”“筷一双”也是有出典的。“筷一双”自然是指蓝翔的藏筷；“茶七碗”典出唐诗人卢仝的《饮茶歌》，这一典与范增平对联中的“水为岸”“泳无涯”结合起来，细细品味，我们会感受到两岸文化人苦于相隔江海、一时难以统一的忧患意识，以及借助茶与筷这两种极蓄民俗气息的器物来加强友情、促进团结的复杂心态。

谐音性的对联从内容上，比嵌字联更容易理解些，但因利用汉字多音多义的性质而创作，故又增添了阅读与理解上的一些困难。如这样的对联：“一盏清茶，解解解解元之渴；五言绝对，施施施施主之才。”只有知道“解”可作姓，“解元”是指古代称乡试考试第一名的人，“施主”指向寺院施舍财物的世俗信徒这些知识，才能真正读懂这副对联。

同样，“客上天然居，居然天上客；郎中王若俨，俨若王中郎”这幅回文对联，也只有知道“天然居”是旧北京的一处茶社名，“王若俨”是一医生，“中郎”为官名，才能感受对联的精巧与趣味。

因茶杯大半是圆形的，喝茶者持杯细品慢咽，这与回文的欣赏极其吻合。回文对联可正读，也可倒读，以此形成一种回旋美、往复趣。所以在茶具上经常可以看到富有诗意美的回文句。如“清心明目”“怡神悦性”“清心宜人”“品一人茶”“云山醉绿树”“芬芳透碧澄”“春螺碧如海”“香雾遮山长生树”“可以清心也”“不可一日无此君”，等等，可从句中的任何一个字往前或往后读，都能成佳句。故而写在茶杯上，往复旋转，其趣无穷。

当然，一句性的回文还不能说是对联，因此，在茶馆的楹联和有关饮茶的诗句中，往往将上下联一并写出，茶客和读者无须揣摩，就能领略其微妙。兹抄录回文对联数幅，请读者自己吟颂，品尝其中的茶味与诗味：

前门大碗茶；茶碗大门前。

满座老舍客；客舍老座满。

香茶待客寺钟晚，远鹿鸣山道门关；

关门道山鸣鹿远，晚钟寺客待茶香。

茶的典故和传说

神农尝百草

神农氏，上古时传说中的炎帝，农业、医药发明人。神话中说他是牛头人身。

汉代《神农本草经》记载："神农尝百草，日遇七十二毒，得茶而解之。"民间流传着神农尝百草的传说：神农有一个水晶般透明的肚子，吃下什么东西，人们都可以从他的胃肠里看得清清楚楚。那时候的人，吃东西都是生吞活剥的，因此经常闹病。神农为了解除人们的疾苦，就把看到的植物都尝试一遍，看看这些植物在肚子里的变化，判断哪些无毒哪些有毒。当他尝到一种开白花的常绿树嫩叶时，就在肚子里从上到下，从下到上，到处流动洗涤，好似在肚子里检查什么，于是他就把这种绿叶称为"查"。以后人们又把"查"叫成"茶"。神农长年累月地跋山涉水，尝试百草，每天都得中毒几次，全靠茶来解救。但是最后一次，神农来不及吃茶叶，还是被毒草毒死了。据说，那时候他见到一种开着黄色小花的小草，那花萼在一张一合地动着，他感到好奇，就把叶子放在嘴里慢慢咀嚼。一会儿，他感到肚子很难受，还没来得及吃茶叶，肚肠就一节一节地断开了，原来是中了断肠草的毒。后人为了纪念农业和医学发明者的功绩，就世代传颂着神农尝百草的故事。

蒙顶仙茶

相传很久以前，有位老和尚得了重病，久治不愈，有一次和尚遇到一位老翁，老翁告诉他，蒙山山顶上有茶树，可在春分前后日候于一旁，一旦春雷鸣响，马上用手采摘，只能采三天。三日之中，如果采到一两，用本地水煎服，便能祛除任何宿疾；若服二两，一辈子消灾祛病；服三两，可以脱胎换骨；服四两，就可以成仙了。

老和尚闻听此言，便到山顶造了一间屋，虔诚地等待时机。结果在春雷初发之时，采到一两多，煎成汤，没想到刚喝了一半，病就好了。过了些时候，老和尚到城里办事，熟人看见了他，无不感诧异，老和尚居然返老还童了，面目看上去像三四十岁的人，眉发乌青。后来，他到青城山去访道，不知所终。此后，蒙顶茶消灾祛病，有返老还童之功的消息不胫而走，广为流传，这就是蒙顶仙茶的由来。

六安瓜片

相传在金寨麻埠镇有个农民叫胡林，为雇主到齐云山一带采制茶叶。茶季结束时，他来到一处悬崖石壁前，那里古木纵横，人迹罕至，忽然他在石壁间发现了几株奇异的茶树，枝繁叶茂，苍翠欲滴，芽叶上密布一层白色茸毛，银光闪闪。胡林精于制茶之道，对于辨别茶树品种优劣极为内行，知道眼前的茶树是极为难得的名贵品种。于是，随即采下鲜叶，精心炒制成茶，带在身上，下山回家。他赶路心急，便走进路旁的一家茶馆歇脚，将自己随身所带的山茶拿出来冲泡，开水一注入，只见茶杯中浮起一层白沫，恰似朵朵祥云飘动，又像金色莲花盛开。异香满屋，经久不散，举座皆惊，异口同声赞曰："好茶！好香的茶！"后来，胡林又回到山中，去寻找他在悬崖石壁间所发现的那几株茶树，可是峰回路转，再也无处寻觅了。当地人认为这是"神茶"，不可复得。这个故事流传若干年后，有人在齐云山蝙蝠洞发现了几株茶树，相传是蝙蝠衔籽所生。这几株茶树和胡林当时所描述的茶树一模一样，大家就自然而然地称其为"神茶"。据说，六安瓜片就是神茶繁衍而来的。

观音赐茶

相传清朝乾隆年间，福建安溪西坪乡松林头村有一个茶农，姓魏名荫，此人忠厚老实，一心扑在种茶上，是一位远近闻名的制茶行家。他家里供奉着一尊观音菩萨，每天早晚都要泡上三杯清茶，礼敬座前，事佛十分虔诚。有一天晚上，魏荫梦见观音菩萨金身出现在屋后的山崖上，他双手合十，上山崖跪拜，就在那石崖之中发现了一株奇异的茶树，树有一人多高，粗枝叶茂，喷发出一股诱人的兰花香。第二天清晨，他顺着昨日梦中的道路，爬上屋后的石崖，果然在石崖缝隙中，有一株茶树迎风而立。他上前察看，这株茶树枝繁叶茂，香味扑鼻。魏荫想，莫非是观音显灵，赐我这棵大茶树，真是天助。于是，魏荫便在这株大茶树上利用压条法培植新苗，种植在自家的茶园中。以后他就用这株茶的叶片制成乌龙茶，色绿，重实如铁，香味特异，比其他茶叶更为浓烈。一开始，人们便根据茶的外形，顺口称它为“重如铁”。后来，得知了魏荫的奇遇，知是观音托梦而来，便改名为“铁观音”。

十八棵御茶

相传清朝乾隆皇帝巡视江南，一天来到龙井村狮峰山下的胡公庙歇脚，庙里的和尚端上当地的新茶，乾隆帝本来就精通茶道，但一见那茶，不由得叫绝称道，只见洁白如玉的瓷碗中，片片嫩叶犹如雀舌，茶汤翠绿明亮，还透出阵阵幽香，品尝之下，只觉颊齿生香。乾隆帝问和尚此为何茶，产于何处，和尚回答为小庙自产的龙井茶，乾隆帝走出庙门，但见胡公庙前碧绿如染，十八棵茶树青翠欲滴，一时兴起就当场封这十八棵茶树为御茶树，自此龙井茶声名远扬。

大 红 袍

相传古时一位崇安县令得了重病，求医问药终不见效。武夷山天心寺的一个和尚知道了，便献上寺中所产的茶叶，没想到吃了几次，大病居然痊愈了。这位县太爷感动至极，便屈驾亲临茶崖，对着那三棵茶树三跪九叩，焚香礼拜，然后，他脱下红色官服，战战兢兢地爬上茶崖，将自己的朝服披在茶树上，以表感恩戴德之心，

“大红袍”之名便由此而来。

老龙赐茶

雁荡山属括苍山，山顶有湖，芦苇丛生，如同水荡，春雁归时，常宿于此，故名。龙湫茶产于雁荡大龙湫，山高388尺，飞瀑悬空下坠，银珠飞溅，声如震雷，在日光照耀下，五光十色，绚丽多彩。相传在东晋永和年间（345至365年），阿罗汉诺巨那率弟子300居于雁荡。一天晚上，诺巨那曾梦见一位鹤发童颜的老翁，老翁对诺巨那说：“感谢大师的恩德，使我在此山得以安居。”诺巨那不解，问道：“我与您素不相识，言何感恩？”老翁回答：“大师居龙湫，日常用水都倾于山地，从不泼在溪涧里，保全了山泉洁净。为报答大师的恩德，我特地赠给您茶树一株，让您终生受用。”诺巨那见老翁如此诚恳，便又问道：“老丈尊姓大名？家居何方？愿日后有相见之时。”那老翁微微一笑：“远在天边，近在眼前。若愿相见，就在明晨。”说罢，那老翁已脚踏祥云，飘然而去。第二天清晨，诺巨那步出庙门，站在大龙湫背上举目四望，只见龙湫上端龙头哗哗吐水，远处山边又有龙尾若隐若现地摆动，一瞬间，不再复现。诺巨那恍然大悟，昨日托梦者，定是老龙化身。当他回到寺庙时，只见庭院中新长出一棵绿荫如盖的大茶树，枝叶繁茂。品饮此茶，浓香扑鼻，滋味浓郁醇和，这便是九雁荡的“龙湫茶”。

猴　茶

很久以前，雁荡山猿猴成群，山中猎户设法捕捉猿猴卖给茶农，茶农就驯养猿猴，称为猴奴。有的茶农驯有猴奴几十只。每逢采茶时节，主人就带上猴奴上山，猴子喜欢模仿人的动作，主人将布袋挂在头颈上，猴奴也乱七八糟地套上，主人登绝壁，猴奴也紧跟其后，主人采茶，猴奴也采，主人把茶放入布袋里，猴奴也模仿。久而久之，猴奴训练有素，便可独立采茶。即使茶树高耸入云，长于悬崖绝壁，人所不能去处，猴奴都可以轻易地攀登采摘，换取主人赏赐的食物，于是这种茶便称为“猴茶”。

麻姑茶

麻姑茶产于被誉为第廿一洞天、第十福地的麻姑山上。麻姑山位于江西南城西南隅。麻姑茶的得名，有一段美妙的传说。相传东汉时有一位麻姑仙女得道于此，常常采摘细嫩茶叶，用仙泉水煮与烹客，并用作赴瑶池会、蟠桃会朝拜王母娘娘的贡品。因此麻姑茶自古就有“仙茶”之称。

周打铁茶

周打铁茶产于江西丰城荣塘乡，品质优异。关于周打铁茶的名称有一番来历。相传清代时，丰城荣塘乡有个秀才，名叫周打铁，因屡考不中，便隐居山中，与妻子耕种茶园度日，当时正值乾隆皇帝下江南，乾隆打扮成布商微服出访。一日周秀才上山采茶，有两个布商来到他家讨水喝，周妻忙泡茶接客，客人喝了茶赞不绝口，兴奋之余提笔在纸上留下隐语，辞谢而去。周秀才回到家里时，其妻忙拿出纸来，只见上面写着：“秋后请送四斤上等茶到京市棉布庄。”但未留下姓名。春去夏至，夏尽秋来，周秀才按语意送茶进京，一路上晓行夜宿，风雨兼程，很快到达京城。一日天高云淡，阳光和煦，只见前面车马仪仗，原来是乾隆离宫外出，周秀才拦路询问，侍卫接过纸条、茶叶交与乾隆，乾隆大喜，知是自己下江南时亲笔所题，因深感下江南时他家进茶之情，意欲留下秀才，周秀才执意回家种茶。后乾隆下旨，赐周打铁种的茶为“周打铁茶”，并定为贡品。从此，周打铁茶名扬四方。

仙人掌茶

李白在《答族侄僧中孚赠玉泉山仙人掌茶并序》中胜赞“仙人掌茶”，此诗作于天宝中，李白因在长安遭权贵谗毁，抱负不得施展，于天宝三载春“赐金还山”，离开长安。后在金陵与族侄僧人中孚相遇，蒙其赠诗与仙人掌茶，李白以此诗为谢，生动描写了仙人掌茶的独特之处。序中载：“其水边处处有茗草罗生，枝叶如碧玉。惟玉泉真公常采而饮之，年八十余岁，颜色如桃李。而此茗清香滑熟，异于他者，所以能还童振枯，扶人寿也。余游金陵，见宗僧中孚，示余茶数十片，拳然重叠，其状如手，号为‘仙人掌茶’。”该诗前四句写景，以衬序文。后八句写茶，茶生于石中，玉泉长流“根柯洒芳泽，采服润肌骨”的生长环境培养了其上乘的品质。诗中“曝成仙人掌”一句说明此茶是晒青茶。最后八句写情，以抒其情。

熏豆茶

熏豆茶的缘由，民间有三种传说。

一是流传于浙江德清、余杭一带民间关于防风氏的传说。防风氏是与大禹同时的另一位治水能人。防风氏曾在浙江一带治水，当地百姓曾用橙子皮、野芝麻泡茶，为他祛湿驱寒，另以土产烘青豆佐茶。防风氏性急，将豆倒入茶中，他连茶汤带烘豆一口吞吃。这样，防风氏更加力大无边，治水业绩更加辉煌。这种饮茶习俗沿袭了2800多年，被1200多年前的唐代茶圣陆羽所肯定。从此，湖州、杭州、嘉兴等城乡吃熏豆茶越来越讲究。

二是流传于太湖畔的江苏吴江一带关于伍子胥的传说。1700多年前的吴国大将伍子胥曾在今吴江市庙巷乡开弦弓村屯兵，他在拉弓射箭时用力过猛，造成地石震动变形，成了弓弦状而得地名。当地百姓对伍大将军屯兵苦练，看在眼里，记在心里，自发地采集土产青毛豆肉烘干，以充军粮，慰劳伍将军。伍大将军吃了口干，就用开水冲泡，还加些茶叶，成了香喷喷、咸津津的熏豆茶。从此，这种吃茶方法就在太湖沿岸流传成俗。

三是流传于洞庭湖的湖南湘阴、汨罗一带的关于岳飞的传说。南宋绍兴年间，岳飞被授予镇宁崇信军节度使，带领兵马南下，驻军汨罗县，他的士兵多数来自中原地区，一到南方，水土不服，军营中腹胀肠泻、厌食和乏力者日见增多。岳飞不仅是武将，还精通医术。他吩咐部下熬含盐的黄豆和姜汁汤让士兵当场喝下。果然，士兵的疾病迅速减少，军营周围的百姓一看，也学着沏泡这种茶。

碣滩茶

碣滩茶产于湖南西部武陵山沅水江畔的沅陵碣滩山区。碣滩茶历史悠久，距今已有1300多年。传说唐高宗的第八个儿子李旦，被其母武后贬到辰州（今沅陵），流落在胡家坪胡员外家，与员外之女胡凤姣产生了爱情。武后退位后，李旦回朝当了皇帝，即后来的唐睿宗。李旦称帝后不久，便差人接胡凤姣进京。官船由辰州东下，途至碣滩，凤姣品尝到碣滩茶，觉得甜醇爽口，十分欣赏，便带回朝廷，赐文武百官品饮，大家都赞不绝口。此后，碣滩茶被列为贡品，朝廷每年派人督制茶叶。

赵州和尚"吃茶去"

唐朝有位高僧从谂禅师（778至863年），俗姓郝，常住在赵州观音寺，人称"赵州古佛"。从谂嗜茶成癖，每次说话之前都要带句口头禅"吃茶去"。据《广群芳谱·茶谱》引《指月录》道："有僧到赵州，从谂禅师问：'新连曾到此间么？'曰：'曾到。'师曰：'吃茶去。'又问僧，僧曰：'不曾到。'师曰：'吃茶去。'后院主问曰：'为甚么曾到也云吃茶去，不曾到也云吃茶去？'师召院主，主应喏，师曰：'吃茶去。'"佛教崇尚饮茶，有"茶禅一味"之说，因此赵州从谂的这一口头禅极易流传，成为佛教界的一句禅林法语，又称"赵州法语"。

双　井　茶

大凡一种名茶传世，都与名人大家的歌咏分不开。江西修水的双井茶扬名，主要得力于北宋著名文学家、书法家黄庭坚。黄庭坚是"江西诗派"的开创人，书法擅长行、草，与蔡襄、苏东坡、米芾并称为“宋四家”。双井茶形如凤爪，芽叶肥壮，白毫特多，风格独特。黄庭坚对家乡的双井茶十分推崇，特作《双井茶》诗赞美它，并发挥其书法特长，将《双井茶》诗写成书帖供人鉴赏。由于他的书法艺术出众，人们在欣赏其作品的同时，双井茶的知名度也随之得到提高。

水　厄

王濛是晋代人，官至司徒长史，他特别喜欢茶，不仅自己一日数次喝茶，而且有客人来，也一定要客同饮。当时，士大夫中还多不习惯饮茶。因此，去王濛家时，大家总有些害怕，每次临行前，就戏称“今日有水厄”。

据《太平御览》引《世说新语》：“王濛好饮茶，人至辄命饮之，士大夫皆患之，每欲往候，必云：‘今日有水厄。’”

以茶当酒

孙皓（242至283年），三国吴末帝，字符宗，孙权之孙，登位后，专横残暴，荒淫奢侈，暴虐百姓，酷法严刑，天下离心，人人切齿。

据《三国志·吴志·韦曜传》载，吴国的第四代国君孙皓，嗜好饮酒，每次设宴，来客至少饮酒7升。但是他对博学多闻而酒量不大的朝臣韦曜甚为器重，常常破例。每当韦曜难以下台时，他便“密赐茶以荈代酒”。但最终韦曜仍为孙皓所杀。这是“以茶代酒”的最早记载。

三　癸　亭

陆羽的渊博茶学和高超的烹茶技艺使他在湖州的仕宦僧俗各界赢得了声望。陆羽不仅同诗僧皎然结成了忘年交，而且深得时任湖州刺史的颜真卿的赏识和信任，被邀请进入颜刺史的幕府，参与由颜真卿主编的《韵海镜源》的编写，还参加了颜真卿、皎然等数十人组成的诗词联唱。陆羽还在湖州亲自设计、施工，在乌程杼山山麓妙喜寺旁创建了茶亭，因该茶亭是在癸丑年、癸卯月、癸亥日落成，就命名为“三癸亭”。“三癸亭”建成于唐代宗大历八年（773年）夏历冬十月二十一日，又因有颜真卿墨宝题匾额，有皎然赋诗，由陆羽设计，故又称“三绝”。

酪　　奴

王肃，字恭懿，琅邪（今山东临沂）人。曾在南朝齐任秘书丞。因父亲王奂被齐国所杀，便从建康（今南京）投奔魏国（今山西大同是其国都）。魏孝帝随即授他为大将军长史。后来，王肃为魏立下战功，得“镇南将军”之号。魏宣武帝时，官居宰辅，累封昌国县侯，官终扬州刺史。

北魏·杨衒之《洛阳伽蓝记》卷三载：“肃初入国，不食羊肉及酪浆等物，常饭鲫鱼羹，渴饮茗汁。京师士子见肃一饮一斗，号为漏，经数年以后，肃与高祖殿会，食羊肉酪粥甚多。高祖怪之，谓肃曰：‘卿中国之味也，羊肉何如鱼羹，茗饮何如酪浆？’肃对曰：‘羊者是陆产之最，鱼者乃水族之长，所好不同，并各称珍。以味言之，是有优劣，羊比齐鲁大邦，鱼比邾莒小国，惟茗不中与酪作奴。’”

王肃在南朝时，喜欢饮茶，到了北魏后，虽然没有改变原来的嗜好，但同时也很会吃羊肉奶酪之类的北方食品。当人问“茗饮何如酪浆？”时，他则认为茶是不能给酪浆做奴隶的。意思是茶的品位并不在奶酪之下。

后来人们把茶茗称作“酪奴”，其实，这完全是将王肃的本意完全弄反了。

茶墨之争

宋代著名书法家、文学家、政治家苏东坡既爱饮茶又擅长书法，一日司马光问他：“茶以白为贵，墨却以黑为贵；茶以身重为好，墨却以身轻为好；茶讲究在新，墨却讲究在陈。人们对茶与墨的追求正好相反，而您恰好喜好这两样东西，这是为何？”苏东坡巧妙答说：“上好之茶与妙品之墨都有陶然清香，这是它们共有的品德；茶与墨坚结实在，这是它们同具有的节操。贤者和君子都有共同的品德和节操，一个长得皮肤黝黑，一个却长得白皙，这其实是同一个道理。”这就是历史上有名的茶墨之争的故事。

以茶养廉

以茶养廉最出名的故事是陆纳以茶待客的故事。东晋陆纳有“恪勤贞固，始终勿渝”的口碑，是一个以俭德著称的人。在吴兴任太守时，卓有声誉的卫将军谢安有一次去看他，对于这位贵客，陆纳不事铺张，只是清茶一碗，辅以饼果招待而已，他的侄子很不理解，以为叔父小气，便擅自办了一大桌菜肴招待他们，等客人走后，陆纳愤责陆俶："汝既不能光益叔父，奈何秽吾素业。"陆纳让人揍了侄子40大棍，陆纳认为以茶待客是最好的礼节，同时又能显示自己的清廉之风。

冷 面 草

世界之大无奇不有，茶向为世人所好，却也有厌恶者。相传宋御史符昭远，对茶颇有偏见，平日憎恶饮茶。有同僚好茶者不解曰："茶能爽神清心，公平日何不饮之？"岂料昭远答曰："此物面目严冷，毫无和美之德，真可谓冷面草矣！"此乃茶又被称为"冷面草"的由来。

四 贤 茶

明代江南四大才子唐伯虎、祝枝山、文徵明、周文宾，一日结伴游至浙江温州境内的著名茶区泰顺。午饭后，四人皆昏昏欲睡。这时唐伯虎提议："久闻泰顺茶叶乃茶中上品，何不沏饮以提神。"片刻，香茶端上，祝枝山曰："品茗岂可无诗？今就以此为题，众人各吟一人句，联成一绝。"

唐伯虎出首句曰："午后昏睡人欲眠。"祝枝山续第二句："清茶一口正香甜。"文徵明接第三句："茶余或可添诗兴。"周文宾作末句："好向君前唱一篇。"

这时邻座一位茶客听完后连称"好诗"，祝枝山当即瞪目曰："此乃逢场作戏，怎能算得好诗？"那茶客道："四位刚才所饮，皆为小可茶庄所产之名茶。此诗赞茶，对小可来说，乃天下第一好诗。”祝曰：“既然如此，这诗送于客官，你将贵庄好茶叶送我等四包，也算是各得其所。”茶客连忙点头称是，命家人取来当地名茶四包送于四人，收诗拜谢而去。

自此，该茶庄即将当地名茶一式四味，包装成盒，取名为“四贤茶”，在盒上刻印上述咏茶诗，以此为广告宣传，浙江泰顺茶叶也由此名声大振。

饮茶苏

单道开，姓孟，晋代人。好隐栖，修行辟谷，7年后，他逐渐达到冬能自暖，夏能自凉，昼夜不卧，一日可行700余里。后来移居河南临漳县昭德寺，设禅室坐禅，以饮茶驱睡。后入广东罗浮山，百余岁而卒。

陆羽《茶经·七之事》引《艺术传》曰：“敦煌人单道开，不畏寒暑，常服小石子，所服药有松、桂、蜜之气，所饮茶苏而已。”

所谓“茶苏”，是一种用茶和紫苏调制的饮料。

贡茶得官

宋徽宗赵佶嗜茶，宫廷斗茶之风盛行。为满足皇室奢糜之需，贡茶品目大增，数量愈多，制作愈精，宋徽宗还重用贡茶有功官吏。据《苕溪渔隐丛话》等载，宣和二年（1120年），漕臣郑可简始创银丝水芽，制成“方寸新銙”茶进贡皇帝。这种团茶色白如雪，故名“龙团胜雪”。郑可简即因此而受宠幸，官升至福建路转运使，以后郑可简又命他侄子千里到各地去搜集名茶，得到一种叫“朱草”的名茶，郑可简则命令自己的儿子待问去进京贡茶。待问果然也因贡茶有功而得官。当时有人讥讽说：“父贵因茶白，儿荣为朱草。”待问得官荣归故里时，大办宴席，亲姻毕集，热闹庆贺。郑可简得意地说：“一门侥幸。”他侄子千里，因朱草被夺，愤愤不平，即对一句：“千里埋怨。”

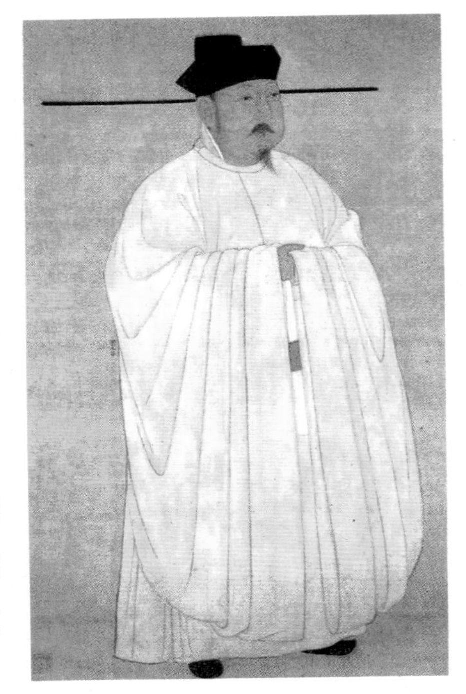

宋徽宗

围坐团栾且勿哗，饭余共举此瓯茶。

麤知道义死无憾，已迫耄期生有涯。

小圃花光还满眼，高城漏鼓不停挝。

闲人一笑真当勉，小榼何妨问酒家。

茶　俗

茶俗是在长期社会生活中，逐渐形成的以茶为主题或以茶为媒体的风俗、习惯和礼仪。茶俗具有地域性、社会性、传承性、播布性和自发性，涉及到社会经济、政治、信仰、游艺等多个层面。

茶俗简介

以茶会友　传统茶俗。即用茶招待友人，或是朋友聚会品茶清谈，以交流思想、增进感情。唐宋以来，名人雅士常以茶与好友欢聚。唐代名臣、著名书法家颜真卿等曾在月夜啜茶，挚友抒怀，留下《五言月夜啜茶联句》。宋代著名文学家、诗人苏轼与好友秦观等游惠山，以被誉为“天下第二泉”的惠山泉水煮茶。明代朱权主张托志释道，以茶会友，所著《茶谱》云：“凡鸾俦鹤侣，骚人羽客，皆能去绝尘境，栖神物外，不伍于世流，不污于时俗。或会于泉石之间，或处于松竹之下，或对皓月清风，或坐明窗净牖，乃与客清谈款话，探虚玄而参造化，清心神而出尘表。”明代许次纾《茶疏》提倡饮茶者应为“佳客”，而冯可宾《岕茶笺》将“主客不韵”作为“禁忌”。当代著名诗人柳亚子与毛泽东“饮茶粤海”，鲁迅常与好友上茶馆，周恩来、陈毅常陪外宾访茶乡、品龙井，均为“以茶会友”的佳话。

茶风出塞　唐代饮茶风尚渐由南方向塞外西北各地的传播。唐代封演《封氏闻见记》：“古人亦饮茶耳，但不如今人溺之甚。穷日尽夜，殆成风俗。始自中地，流于塞外。往处回纥入朝，大驱名马，市茶而归。”

三茶六饭　茶话俗语。形容待遇周到茶饭周全。明·吴承恩《西游记》第二十六回说到：“你却要好生服侍我师父，逐日家三茶六饭，不可欠缺。”

中甸茶会　云南中甸地区藏族未婚青年自发举行的赛歌晚会。中甸藏语称茶会为“扎礼”，意为请喝酥油茶的聚会。一般在节日或农闲举行，参加者为未婚青年男女。聚集时，主人在火塘边备有酥油茶和糯米酒，边唱边喝。先唱寒暄歌，后唱情歌。双方连歌，接不上者为败。茶会上，交际语言委婉谦和，体现藏族人民谦逊好客的美德。通过茶会开展社交活动，引来幸福美满的婚姻。

茶宴　亦称“汤社”“茗宴”。用茶宴请、款待宾客。此风最早可溯及三国时代。《三国志·吴书·韦曜传》：“（孙）皓每飨宴，无不竟日，坐席无能否，率以七升为限，虽不悉入口，皆浇灌取尽。（韦）曜素饮酒不过二升，初见礼异时，常为裁减，或密赐茶荈以当酒，至于宠衰，更见逼强，辄以为罪。”这是以茶代酒的发端。参见“以茶代酒”。南朝宋何法盛《晋中兴书》：“陆纳为吴兴太守时，卫将军谢安尝欲诣纳（拜访纳），纳兄子俶怪纳无所备，不敢问之，乃私蓄十数人馔。安既至，纳所设唯茶果而已。俶遂陈盛馔，珍馐毕具。及安去，纳杖俶四十，云：‘汝既不能光益叔父，奈何秽吾素业（清白的操守）。’”这是史载的第一桌茶宴。主人以此标榜自己的清白操守。《晋书·桓温列传》：“温性俭，每宴惟下七奠（饤）盘（盘）茶果而已。”在崇尚豪奢的西晋，茶果宴成了吝啬的表现。“茶宴”一词则首见于南朝宋山谦之《吴兴统记》：“每岁吴兴、毗陵二郡太守采茶宴会于此。”唐代，茶宴被视为清雅风流。唐代钱起《与赵营茶宴》：“竹下忘言对紫茶，全胜羽客醉流霞。尘心洗尽兴难尽，一树蝉声片影斜。”唐代鲍君徽《东亭茶宴》：“闲朝向晓出帘栊，茗宴东亭四望通。坐久此中无限兴，更怜团扇起清风。”唐代李嘉祐《秋晚招隐寺东峰茶宴送内弟阎伯均归江州》：“幸有香茶留稚子，不堪秋风送王孙。”宋代，茶区扩大，制茶方法改进，饮茶方式创新，茶宴更加盛行。宋代祭京《太清楼特宴记》《保和殿曲宴记》《延福宫曲宴记》都记有皇室宫廷茶宴盛况。宋徽宗赵佶曾设茶宴赏赐群臣，并“亲手注汤击拂”（蔡京《延福宫曲宴记》）。清代自乾隆朝起已成定规，一般于元旦后三日在重华宫举行茶宴。宴时，乾隆帝升宝座，群臣每二人一几，边饮茶，边看戏，并“仿柏梁体，命联句以记其盛。复当席御制诗二章，命诸臣和之，岁以为常”（《清朝野史大观·茶宴》）。寺院饮茶之会，以“径山茶宴”最著名，还有明清时西藏佛教寺庙流传的“熬广茶”活动。径山寺禅院茶宴仪式，被日本僧侣带回后，逐渐演变成了日本的茶道。当代的茶宴又有了新的内容和形式，常见的有吉庆茶宴、婚礼茶宴、聚会茶宴、采新茶宴等，是一种茶话会的形式。

饮茶二十四时宜 品茗环境需求。明代许次纾《茶疏·饮时》谈及下列二十四种情况为适宜饮茶时间："心手闲适，披咏疲倦，意绪棼乱，听歌拍曲，歌罢曲终，杜门避事，鼓琴看画，夜深共语，明窗净几，洞房阿阁，宾主款狎，佳客小姬，访友初归，风日晴和，轻阴微雨，小桥画舫，茂林修竹，课花责鸟，荷亭避暑，小院焚香，酒阑人散，儿辈斋馆，清幽寺观，名泉怪石。"这也是时人认为饮茶的最佳心趣。

茶事三欲　饮茶技艺。明代陈继儒《眉公杂著·太平清话》载："采茶欲精，藏茶欲燥，烹茶欲洁。"即茶事三欲。又言饮茶时："一人得神，二人得趣，三人得味，七八人名施茶。"说明品茶的妙趣。

茶令　茶会上所行的辞令，以助茶兴。由一人作令官，令在座者依令而行，失误者受罚。宋代王十朋《万季梁和诗留别再用前韵》云："搜我肺肠茶著令。"自注："予归与诸子讲茶令，每会茶，指一物为题，各举故事，不通者罚。"

清宫茶制　清代宫廷茶规。满族从东北入主中原，继承明代宫制，吸收汉族饮茶习俗，完善了清宫廷茶制。乾隆三十四年（1769年）修成《国朝宫史》一书，在"宫制"一章中，对御茶房作了定编定员："御茶房：七品执首侍首领三名，八品侍监首领四名，太监四十五名。"皇帝和皇太后有各自的御茶房，皇子皇孙娶福晋后也设专用茶房。今故宫中可见御茶房故址。茶库里有各地进贡的名茶，茶类繁多，质量上乘。如浙江省须年交上等龙井茶28篓，每篓800包，每包2两。帝后茶饮用水考究，北京西郊玉泉山水既轻又清，专供御用。

御茶果　宫廷茶礼。唐、宋时代帝王常赐予大臣茶与果品，以示恩宠。唐代白居易《谢恩赐茶果等状》："赐茶果梨脯等。"《宋史·真宗纪》："上召见隐士郑隐、李宁、赐茶果束帛。"清代高士奇《天禄识余·赐茶果》："金銮旧例，翰林当直学士，春晚困，则日赐成象殿茶果。"亦常用于迎送使臣宾客或重大庆典活动。宋代宋庠《元宪集》卷二十七《赐契丹国信使茶药诏》："肃持命节，祈达朝言。冒暑于行，念劳方久。夙宵良苦，调卫宜先。特申药茗之颁，参资汤液之品。祛烦蠲疾，尚谅眷怀。"

分茶　指烹茶待客之礼。唐代韩愈《为田神玉谢茶表》："吴主礼贤，方闻置茗；晋臣好客，才有分茶。"指宋人沿袭唐人习俗，煎茶用姜、盐，不用者则称分茶。胡仔《苕溪渔隐丛话》前集卷四十六记北苑贡茶云："分试其色如乳，平生未尝曾啜此好茶。"指泡茶游戏，亦称"茶百戏"。流行于宋代，帝王与庶民都玩。玩时"碾茶为末，注之以汤，以筅击拂"，使茶乳幻变成图形或字迹。北宋陶谷《荈茗录》："近世有下汤运匕别施妙诀，使汤纹水脉成物象者，禽兽、虫鱼、花草之属，纤巧如画，但须臾即就散灭。此茶之变也，时人谓之茶百戏。"杨万里《澹庵座上观显上人分茶》诗中有："分茶何似煎茶好，煎茶不似分茶巧。"分茶法今已失传。指亦称"分茶店"，宋时指酒菜店或面食店。

茶禅一味　佛教语汇。意指禅味与茶味是同一种兴味。原系宋代克勤禅师（1063至1135年）书赠参学日本弟子的四字真诀，收藏于日本奈良大德寺，后成为佛教与民间流行语。佛教僧众坐禅饮茶的文字记载可追溯到晋代。《晋书·艺术传》记载，敦煌人单道开在后赵都城邺城（今河北临漳）昭德寺修行，除“日服镇守药”外，“时复饮茶苏一二升而已”。唐代陆羽曾在寺院学习烹茶术七八年之久，所撰《茶经》记载的“煎茶法”即源于丛林（佛教僧众聚居之所）。唐代封演（封氏闻见记）亦载：“开元中，泰山灵岩寺有降魔禅师大兴禅教，学禅，务于不寐，又不夕食，皆许其饮茶。人自怀挟，到处煮饮。从此转相仿效，遂成风俗。”终使僧人饮茶成风，有的甚至达到“唯茶是求”的境地。茶与禅的相通之处在于追求精神境界的提纯与升华。饮茶时注重平心静气品味，参禅则要静心息虑体味，茶道与禅悟均着重在主体感受，非深味之不可。如碾茶要轻拉慢推，煮茶须三沸判定，点茶要提壶三注，饮茶要观色、品味，这些茶事过程均有体悟自然本真的意蕴，由此便易体悟佛性，即喝进大自然的精英，使神清意爽，有助领略般若真谛。“遇茶吃茶，遇饭吃饭”（《祖堂集》卷十一），平常自然，是参禅第一步。故清代湛愚老人《心灯录》称赞：“赵州‘吃茶去’三字，真直截，真痛快。”丛林中也多沿用赵州方法打念头，除妄想。“茶禅一味”流传广泛，“饭后三碗茶”成为禅寺“和尚家风”。宋代道原《景德传灯录》卷二十六：“晨起洗手面盥漱了吃茶，吃茶了佛前礼拜，归下去打睡了，起来洗手面盥漱了吃茶，吃茶了东事西事，上堂吃饭了盥漱，盥漱了吃茶，吃茶了东事西事。”饮茶为禅寺制度之一，寺中设有“茶堂”，有“茶头”专管茶水，按时击“茶鼓”召集僧众饮茶。禅寺还开辟茶园，种植茶树。“茶禅一味”还传至海外，南宋乾道年间（1165至1173年）荣西和尚将茶叶带到日本，并著《吃茶养生记》，将饮茶与修禅结合起来，在饮茶中体味清虚淡远的禅意，后逐渐形成仪规详细的“日本茶道”。日本《山上宗二记》即云：“茶道是从禅宗而来的，同时以禅宗为依归。”泽庵宗彭《茶禅同一味》曰：“茶意即禅意，舍禅意即无茶意。不知禅味，亦即不知茶味。”

品茶议道 道教习俗。道教被视为“中国的根柢”（鲁迅语），对中华民族历史和文化传统产生过重大影响，开创之初融纳巫术、神仙方术、儒家伦理、黄老之学于一体。史籍关于道教与茶的记载早于佛教，魏晋之际的《神异记》载：“余姚人虞洪，入山采茗，遇一道士，牵三青牛，引洪至瀑布山，曰：‘予丹丘子也。闻子善具饮，常思见惠。山中有大茗，可以相贻，祈子他日有瓯牺之余，乞相遗也。’因立奠祀，后常令家人入山，获大茗焉。”《太平御览》卷八六七引南朝道教思想家、医学家陶弘景《名医别录》云：“茗茶轻身换骨。昔丹丘子黄山君服之。”唐代女道士李冶为著名道家茶人，自幼与陆羽交情至深，德宗朝为陆羽、皎然在苕溪组织的诗会重要成员，并共同创造唐代茶道格局。唐宋以后，道教更加兴盛，宫观林立，设有“茶头”，以茶为礼，以茶为供，以茶修炼，以茶养生，品茗议道，饮茶达悟，并开辟茶园，创制名茶。唐代诗人温庭筠撰《西陵道士茶歌》，描绘道教煎茶和饮茶情景：“仙翁白扇霜鸟翎，拂坛夜读《黄庭经》。疏香皓齿有馀味，更觉鹤心通杳冥。”一边饮茶，一边念《黄庭经》，齿颊带着茶香，心灵和仙境相通，此为“品茶议道”之境界。明代朱权崇尚道教，自号臞仙、涵虚子、丹丘先生等，所撰《茶谱》载，茶“可以倍清谈而万象惊寒”，“与客清谈款话，探虚玄而参造化，清心神而出尘表”是对“品茶议道”的绝妙注释。

禁酒倡茶 伊斯兰教教规之一。伊斯兰教戒律森严，禁止饮酒。中国西北地区的穆斯林主食牛羊肉，茶能去油腻和补充必需的维生素，故成为当地的日常必需品，饮奶子茶、香料茶、酥油茶等蔚然成风。伊斯兰教国家均有饮茶禁酒之风习。

佛教与茶 茶与佛教的关系。佛教自东汉传入中国，到魏晋南北朝时，至少在江淮以南寺庙中的僧侣，已有尚茶之风。唐时北方禅教大兴，促进了饮茶的普及，进而推动了茶叶生产。佛教禅宗的饮茶风尚受到佛教各宗各派的重视。在名寺大庙中，均设有专门茶寮、茶室，一些法器亦用茶命名。中唐后，南方许多寺庙都种茶，出现无僧不茶的嗜茶风尚。唐代刘禹锡《西山兰若试茶歌》，记载了山僧种茶、采茶、炒制及沏饮香茶的情景。中国寺庙饮用茶叶、崇尚茶叶，且生产、研究、宣传茶叶，故有“自古名寺出名茶”之说。唐时的福州方由露芽、剑南蒙顶石花、岳州邕湖含膏、洪州西北白露、蕲州蕲门团黄等，北宋苏州西山水月茶、杭州於潜（今临安）天目山茶、扬州蜀冈茶、会稽日铸茶、洪州双井白芽等，近代安徽的黄山毛峰、六安瓜片、霍山黄芽、休宁松萝等，多为僧侣创制并成为珍品。佛教的茶叶文化促进了中国茶业的发展。

伊斯兰教与茶 伊斯兰教在中国西北边陲的回、维吾尔、哈萨克、乌孜别克、塔塔尔、塔吉克、柯尔克孜、东乡、撒拉、保安等民族地区传播最广。从教义上讲，他们“禁酒倡茶”，认为茶能给人以道德的修炼，使人宁静清心。西北地区气候高寒，蔬菜缺乏，人们以食牛羊肉及奶制品为主，茶有生津止渴、去腻消食作用，成为穆斯林生活中与粮食一样重要的必需品。“以茶待客”为穆斯林之风尚。

基督教与茶 基督教与茶关系密切的是三大教派之一的天主教，于元代传入中国。公元1556年葡萄牙神父克鲁士来华传播天主教，1560年回国，向欧洲介绍中国饮茶及茶的知识：“凡上等人家习以献茶敬客，此物味略苦，呈红色，可以治病，作为一种药草煎成液汁。”以后，意大利传教士利玛窦、威尼斯牧师勃脱洛、意大利牧师利赛等相继来华，回国后都曾介绍中国饮茶习俗。勃脱洛《都市繁盛原因考》：“中国人用一种药草煎汁，用以代酒，可以保健防疾病，并可免饮酒之害。”葡萄牙神父派托亚介绍中国茶：“主客见面，互通寒暄，即敬献一种沸水冲泡之草汁，名之曰茶，颇为名贵，必须喝二三口。”天主教对中国饮茶风习在欧洲的传播起到宣传和促进作用。

大茶会 藏传佛教寺院中的一种集会方式。聚会饮茶并讲论佛理，不定期举行，少则几十人，多则数千人参加。据200多年前到西藏的葡萄牙传教士忽克在《鞑靼·西藏中国旅行记》中记载：“（喀温巴穆大喇嘛庙）聚集四方之学生及甚多之巡礼者，开大茶会。笃诚信仰之巡礼者，用茶款待全体喇嘛。事虽简单，然而为非常之大举动，费用浩大。四千喇嘛，各饮两杯，须费银五十六两。行礼仪式亦足惊人。无数排列之喇嘛，披庄严之法衣面静坐，年轻人端出热腾腾之茶釜，施主拜伏在地，就分施给大众，施主大唱赞美歌。如巡礼富裕者，茶中加添面粉之点心，或牛酪等物。”

熬广茶 藏、蒙等少数民族对藏传佛教寺院礼佛布施的俗称。

流传于西藏、青海、内蒙古等地区。藏传佛教僧侣习惯在吃饭前，先熬制一锅酥油茶，以便在开饭时与食物一起吃。故到寺院礼佛的人，都必须熬广茶，并于僧侣喝茶时布施。

寺院茶　寺院产的茶。佛教僧众，茶禅结缘，饮茶成风，故寺院普辟茶园，焙制“寺院茶”，以供佛、待客和自用。各名山宝刹创制出多种名茶，如：杭州法境寺香林茶、龙井寺龙井茶，余杭径山寺径山茶，天台国清寺华顶茶，景宁惠明寺惠明茶，临安禅源寺天目青顶、普陀寺佛茶，四川甘露寺蒙山茶，江苏洞庭水月院碧螺春，云南感通寺感通茶，福建武夷山武夷寺岩茶等均为寺院茶。

击鼓饮茶　寺院按时击鼓通知饮茶之习俗。鼓多置于法堂西北角。宋代林上逋《西湖春日》诗：“春烟寺院敲茶鼓，夕照楼台卓酒旗。”陈造《县西》诗：“茶鼓适敲灵鹫院，夕阳欲压赭圻城。”

寺院茶会　佛教寺院茶俗。逢教门盛事、特大祈祷、新任住持升座等庆典，寺院常举办盛大茶会以示庆贺。后范围逐渐扩大，也用于檀越信众，与众僧结缘。

收茶三等　寺院茶俗。唐代冯贽《云仙杂记》：“觉林寺志崇，收茶三等。待客以惊雷荚，自奉以萱草带，供佛以紫茸香。盖最上等以供佛，而最下以自奉。”指当时寺院中僧徒将收藏之茶叶分三等，供不同对象饮用。

施茶　江浙民间施舍茶水的慈善活动。旧时多流行于江浙两省城镇及乡村的夏收季节。酷暑之际，正值夏收，村口、庙前、埠头、凉亭等处都摆出大茶壶，烧水泡茶。行人路经此处或农民劳动口渴，均可自行倒茶饮用，不必付钱，直至秋凉为止。该社会慈善活动由施茶会负责，施茶会由地方有名望、热心公益的人士组成。经费由募捐集资解决，收支账目张榜公布，有公众监督。此习俗现今在部分乡镇仍保留。

饮茶宜忌　品茗注意事项。徐珂《清稗类钞》：“冯正卿名可宾，益都人。明湖州司里，入国朝，隐居不仕，嗜茶。”强调“饮茶之所宜者，一无事，二佳客，三幽坐，四吟诗，五挥翰，六徜徉，七睡起，八宿醒，九清供，十精舍，十一会心，十二赏鉴，十三文僮。”“饮茶亦多禁忌，一不如法，二恶具，三主客不韵，四冠裳苛礼，五荤肴杂陈，六忙冗，七壁间案头多恶趣。”冯氏“饮茶七忌十三宜”提出饮茶应注意时间、场所、器具、茶友、意境等，以确保品茶情趣之高雅。

九难　茶学技艺。陆羽《茶经·六之饮》：“茶有九难，一曰造，二曰别，三曰器，四曰火，五曰水，六曰炙，七曰末，八曰煮，九曰饮。阴采夜焙非造也，嚼味嗅香非别也，膻鼎腥瓯非器也，膏薪庖炭非火也，飞湍壅潦非水也，外熟内生非炙也，碧粉缥尘非末也，操艰搅遽非煮也，夏兴冬废非饮也。”这里陆羽指出茶学技艺九种，前面指九件茶事难以掌握，后面则着重指出要避免各种不当处理。说明茶叶虽是日常饮品，但要精通其艺也绝非易事。

唐煮宋点　古代品茶方式。唐代以煮茶为主，宋代以点茶为主。唐代茶有粗茶、散茶、末茶、饼茶之分，因而取茶煮饮之法亦有不同。粗茶须击碎，散茶须干煎，末茶须炙焙，饼茶须捣碎，都是把茶叶放入容器中煮煎。故统称“唐煮”。参见“煮茶”。后来，饼茶的加工技术更加精细，其煎饮方式也更为讲究。先将茶饼碾成末，后入鼎中以水煎熬。至宋代，茶叶品评技艺由煎茶发展为点茶。点茶即将茶叶置杯中，用沸水冲泡。宋代蔡襄《茶录》称："凡欲点茶，先须熁盏令热，冷则茶不浮。"苏东坡诗有"道人晓出南屏山，来试点茶三昧手"之句。反映宋时即风行点茶。点茶之法比煎茶更为讲究。宋人品饮虽也有煮茶者，但凡"茶之佳者，皆点啜之"，所以用"宋点"代表宋代品茶方式。

斗茶　亦称"茗战"。贡茶的兴起，使相互评比茶叶品第的斗茶应运而生。宋代范仲淹《和章岷从事斗茶歌》："北苑将期献天子，林下雄豪先斗美。"揭示了斗茶与贡茶的因果关系。宋代唐庚《斗茶记》载斗茶场景。斗茶者二三人聚集在一起，献出各自所藏珍茗，烹水沏茶，依次品评，定其高下。表明斗茶是一种茶叶品质评比方式，不同于唐代陆羽以精神享受为目的的品茶。宋徽宗赵佶《大观茶论》云："天下之士励志清白，竟为闲暇修索之玩，莫不碎玉锵金，啜英咀华，较筐筥之精，争鉴裁之妙，虽否士于此时，不以蓄茶为羞，可谓盛世之清尚也。"南宋斗茶普及民间，不仅帝王将相、达官显贵、骚人墨客斗茶，市井细民、浮浪哥儿均喜爱斗茶。宋代李嵩、史显祖，元代赵孟頫，明代唐寅均绘有《斗茶图》。这些画卷展现了历代斗茶的风采。明清斗茶风气逐渐衰落，但仍不绝如缕。当今各地的名茶评比会，可谓古代斗茶的延续。各地选送做工精细、品质上乘的茶叶，经专家评定和群众评议排出名次、定出等级。

点茶　指犹泡茶。宋代苏轼《送南屏禅师》："道人晓出南屏山，来试点茶三昧手。"蔡襄《茶录》："凡欲点茶，先须熁盏令热，冷则茶不浮。”《水浒传》第二十四回：“王婆一边自点茶来吃了。”指泡茶技艺之一，与“煎茶”“煮茶”相区分。因以瓶滴注为点，故名。宋代胡仔《苕溪渔隐丛话》前集卷四十六引《学林新编》：“茶之佳品，皆点啜之，其煎啜之者，皆常品也。”蔡襄《茶录·点茶》：“钞茶一钱七，先注汤，调令极匀；又添注入，环回击指，汤上盏可四分则止。”点茶盛行于宋代，故有“唐煮宋点”之说。点茶用饼茶，茶器有茶焙、茶笼、砧椎、茶钤、茶碾、茶罗、茶盏、茶匙、汤瓶等。点茶技艺有炙茶（炭火烤干水气）、碾茶（茶块碾成粉面）、罗茶（用绢罗筛茶）、候汤（选水和烧水）、熁盏（用开水冲洗茶盏）和点茶（沸水冲泡）等基本过程。其中，“候汤最难”（蔡襄《茶录》），“汤要嫩，而不要太老”，“盖汤嫩则茶味甘，老则过苦矣”（罗大经《鹤林玉露》）。点茶则最为关键，其要点为“量茶受汤，调如融胶”（赵佶《大观茶论》），点茶之色，以纯白为止；追求茶的真香、真味，不掺任何杂质；注重点茶过程中的动作优美协调。精于点茶技艺者，称“善点茶”。

煎茶　烹茶。因用水煎熬茶汤，故名。唐代封演《封氏闻见记·饮茶》：“自邹、齐、沧、棣，渐至京邑，城市多开店铺，煎茶卖之。”五代孟贯《赠栖隐洞谭先生》诗：“石泉春酿酒，松火夜煎茶。”煎茶之法起于何时何地，史无确征。西晋郭义恭撰《广志》，已有“膏煎之”语。《桐君录》则载：“西阳武昌晋陵皆出好茗，巴东别有真香茗，煎饮令人不眠。”唐代中叶已盛行煎茶，故陆羽著《茶经》力倡煎饮法。唐代流行饼茶，须经炙、碾、罗三道工序，将饼加工成细末状颗粒的茶末，再进行煎茶。煎茶包括烧水与煮茶，先将水放入“鍑”（陆羽设计的两侧有方形耳的大口锅）中烧开，到“沸如鱼目，微有声”的第一沸时，加入适量盐调味；到“缘边如涌泉连珠”的第二沸时，舀出一瓢开水，用竹夹在“鍑”中搅动形成水涡，使水沸度均匀，用量茶小勺“则”量取茶末，投入水涡中心，再加搅动；到茶汤“势若奔涛溅沫”的第三沸时，将原先舀出的一瓢水倒回去，使开水停沸，这时，茶汤面会出现“沫饽”，古人以“沫饽”多为胜。然后开始“酌茶”，即用瓢向茶盏分茶，其基本要领是使各碗沫饽均匀。煎茶之法有多种，宋代苏辙《和子瞻煎茶》诗咏及三种煎茶法：一种是“西蜀法”，“相传煎茶只煎水，茶性仍存偏有味”；一种是“北方法”，“北方茗饮无不有，盐酪椒姜夸满口”；还有诗人自用的“煎茶法”，“铜铛得火蝗蚓叫，匙脚旋转秋萤光”。

煎茶四要　煎茶技艺。明代高濂《遵生八笺》卷十一载：“煎茶四要：一择水。凡水泉不甘，能损茶味。故古人择水最为切要。山水上，江水次，井水下。山水乳泉漫流者为上，瀑涌湍激勿食，食久令人有颈疾。江水取去人远者，井水取汲多者。如蟹黄、混浊、咸苦者，皆勿用。二洗茶。凡烹茶，先以热汤洗茶叶，去其沉垢冷气，烹之则美。三候汤。凡茶须缓火炙，活火煎。活火谓炭火之有焰者，当使汤无妄沸。庶可养茶：始则鱼目散布，微微有声；中则四边泉涌，累累连珠；终则腾波鼓浪，水气全消。谓之老汤三沸之法，非活火不能成也。……四择品。凡瓶要小者，易候汤，又点茶注汤有应；若瓶大啜存，停久味过，则不佳矣。茶铫茶瓶，瓷砂为上，铜锡次之。”备述煎茶特别要注意水的选择、茶的处理、汤的烹煎和茶具的选用，有的现在仍有参考价值。

煮茶　较为简单原始的茶饮制作方法。因将茶叶放入锅里水煮，故称。西晋郭义恭撰《广志》，即云：“茶从生，真煮饮为茗茶。”东晋郭璞注《尔雅》：“槚，苦茶”，亦云“可煮作羹饮”。南北朝后魏元欣所撰《魏王花木志》也载：“茶，叶似栀子，可煮为饮。”唐代杨华《膳夫经手录》：“茶，古不闻食之。近晋宋以降，吴人采其叶煮，是为茗粥。”中唐还保留着煮茶“吃茗粥”的饮茶习惯。稍后陆羽《茶经·六之饮》总结饮茶方式：“饮有粗茶、散茶、末茶、饼茶者，乃斫、乃熬、乃炀、乃舂，贮于瓶缶之中，以汤沃焉，谓之痷茶。或用葱、姜、枣、橘皮、茱萸、薄荷之等，煮之百沸，或扬令滑，或煮去沫。斯沟渠间弃水耳，而习俗不已。”今有民间喜爱的“打油茶”“擂茶”等，则为原始“煮茶”遗风。

熬茶　指一种加作料煮成的茶。清代阮葵生《茶余客话》卷十：“芽茶得盐，不苦而甜。古人煎茶必加姜益……今内廷皆用熬茶，尚有古意。”指烹茶方法。流行于西北、青藏高原一带。因该地气压偏低，沸水不到100度，难以使砖茶（粗老茶）冲泡出茶汁，故将其碾碎放入锅中，熬出茶汤，以供饮用。指藏、蒙等少数民族到藏传佛教寺院礼佛布施之俗称，亦称“熬广茶”。

烹茶　煮茶、煎茶或沏茶的通称。汉代王褒《僮约》：“臛芋脍鱼，炰鳖烹茶。”此为煮茶。近人徐珂《清稗类钞》：“欲烹茶，须先验水。”“烹时须活火，活火者，有焰之炭火也。即沸，以冷水点住，再沸再点，如此三次，色味俱进。”此即煎茶。清代陆嵩《嚣儿行》：“儿年虽幼颇有知，扫地烹茶习已熟。”此指沏茶。

茶担　流动的卖茶方式。以担挑或以车推，至小巷深院、集墟闹市，“点茶汤以便游观之人”。宋代范祖述《杭俗遗风》所载茶担包括“锡炉二张，其杯箸、调羹、瓢托、茶盅、茶船、茶碗等等”，“无不足用”。

出游茶担　士大夫出游时为方便品饮香茗而携带的茶担。明代许次纾《茶疏·出游》：“士人登山临水，必命壶觞，乃茗碗薰炉，置而不问，是徒游于豪举、未托素交也。余欲特制游装，备诸器具、精茗名香，同行异室。茶罂一、注二、铫一、小瓯四、洗一、瓷合一、铜炉一、小面洗一、巾副之。附以香奁、小炉、香囊七筋以为半肩。薄瓮贮水三十斤为半肩，足矣。”许次纾设计的这副茶担，不仅点茶所需的器具一应俱全，还有半挑水，成为游动的茶肆，可在出游时随处升炉烹茶。

茶粥　指亦称“茗粥”。煮制的浓茶，因其表面凝结成一层似粥膜样的薄膜而称之为“茶粥”。唐代储光羲《吃茗粥作》诗：“淹留膳茶粥，共我饭蕨薇。”唐代杨华《膳夫经手录》：“茶，古不闻食之，近晋、宋以降，吴人采其叶煮，是为茗粥。”《北堂书钞》卷一百四十四引近代傅咸《司隶校尉教》：“闻南市有蜀妪，作茶粥卖之。廉事打破其器物，使无为，卖饼于市而禁茶粥，以困老妪，独何哉？”宋代苏轼《绝句》之二：“偶与老僧煎茗粥，自携修绠汲清泉。”清代唐孙华《夏日斋中读书》：“忘忧代萱苏，破睡调茗粥。”指以茶汁煮成的粥。

北京茶俗　区域饮茶习俗。北京为辽金元明清五朝帝都，由于朝廷提倡，饮茶的文化含义和社会功用更为突出。北京茶俗，特色有三：一是民间饮茶“京味”印记浓厚。市民爱喝“茉莉花茶”“香片”“高碎”，即使饮龙井，亦喜加香花。家居饮茶，市间茶棚，碗不厌其大，水要全沸有声，颇具豪爽之气。二是茶馆文化集各地大成，以种类繁多、功用齐全、文化内涵丰富和深邃为重要特点。茶馆普及京城内外，有大茶馆、清茶馆、书茶馆、二荤铺、棋茶馆、野茶馆等，还有流动的茶摊和季节性的茶棚。大茶馆规模气派，布置讲究，服务全面，多集饮茶、饮食、社会交往、世俗娱乐为一体。三是宫廷茶事高深，直接与朝廷文事、教化、礼仪结合。注重欢快、喜庆，常用于祝寿、庆典、贺仪，茶仪用于尊礼、视学、经筵。北京皇宫茶事以清代为代表，清代又以乾隆时期最盛。清宫日常生活爱用奶茶，千叟宴的“进茶”与“赐茶”均为红奶茶。

浙江茶俗　区域饮茶习俗。唐宋时代，浙江淳安等地盛产茶叶，民间饮茶已相当普遍。但不同地区、不同场所、不同人群饮茶方法迥异。大部分农村在农忙季节，多用四耳陶瓷钵，放入一大把茶叶，以开水冲泡，劳动休息时以大碗喝茶，解渴却乏。一般家居用茶瓷壶，抓一把茶叶，开水沏泡，取几只茶盅，倒茶饮用，壶内可续水数次。贵客临门则要用茶盏专门沏茶，酷似四川的盖碗茶。大部分山区，家家户户有地火塘，火塘上方悬挂一把铜壶，随时可以烧水泡茶，吊铜壶的铁索上有一活扣，可调整铜壶距火的高度，以掌握火候。水开后，用瓷茶壶泡茶，再斟入茶盅饮用，也可直接将干茶放在大碗中冲泡饮用。天气冷时，围着火塘聊天喝茶，是山里民众的一大乐趣。浙西山区农民上山劳动，要背毛竹茶筒或茶葫芦。用葫芦盛茶不易发馊，夏季饮用凉爽可口。

广东茶俗 区域饮茶习俗。广州、珠江三角洲及潮汕地区百姓嗜茶。广州人均茶叶消费量居全国各大城市之首。除家庭饮茶外，还时尚茶楼饮茶。按饮茶时间可分为早茶、午茶、下午茶。供应场所普遍，茶楼、酒家、简易饭店、餐馆以至露天包含摊均有供应。大小茶楼是茶叶消费的主要渠道。而潮州、汕头一带则以家庭消费为主。

黑龙江茶俗 区域饮茶习俗。黑龙江地处中国最北端，气候寒冷，饮食以肉类居多。因茶叶能涤肥腻，故成为黑龙江地区汉蒙民众待客及日常必需的饮品。1932年，万禧麟、张佰英的《黑龙江志稿》对当地茶俗有详细记载："土人熬饮黑茶（指红茶），间入奶油、炒米以当饭。黑茶，国语喀喇钗也。茶叶来自奉天，一包谓之一封，又称一个。性不寒能涤肥腻，塞外争重之。亦有沦番片（花茶）、大叶（粗老茶）等茶，啜以盖碗者，满洲汉军数家外，晋商多如此。茶自江苏之洞庭山来者，枝叶粗条，函重两许，昔值钱仅七八文，八百函为一箱，蒙古专用和乳，交易与布并用。齐齐哈尔井水浊而秽，惟东郭陶家侧一井独甘，有力者争载入城，号曰窑水。旗户不重茶饮，客至则口吸菸袋手捧以进，或久坐饷白水一盂。市肆商主则煮茶进客，以故茶贩甚少。"

龙井茶、虎跑水 杭州饮茶民俗。"龙井茶，虎跑水"为杭州"双绝"，虎跑泉水中的钾、钠、钙、镁含量比普通自来水要低得多，水质硬度小而透明，泡茶滋味甜润。西湖龙井茶，以色绿、香郁、味甘、形美“四绝”闻名遐迩，用清洌甘厚泉水冲泡，才显茶之本色。如果使用玻璃茶具冲泡，杯中茶叶徐徐舒展，上下浮动，还是一种视觉享受。茶汤清澈，茶香四溢，名茶名泉相得益彰。

宜兴三绝　地方物产。宜兴古称“阳羡”“义兴”，为中国古代著名茶区，所产紫笋茶、紫砂壶和金沙泉水称为“宜兴三绝”。唐代卢仝《走笔谢孟谏议寄新茶》诗“天子未尝阳羡茶，百草不敢先开花”中的“阳羡茶”，即“阳羡紫笋”。唐肃宗年间起列为贡茶。宜兴紫砂茶壶历史悠久，形质优异，用其泡茶不夺香、不走味。宋代欧阳修《和梅公仪尝茶》诗：“喜其紫瓯吟且酌，羡君潇洒有余清。”金沙泉水是紫笋茶入贡后不久指定的陪贡用水。水质清澈纯净，用以沏茶，可收“精茗蕴香，借水而发”之效。

茶人之村　特指浙江德清县上杨、下杨、新兴、三合四个村。该地共有人家700余户，男女老少嗜茶成瘾，“每日三饭六茶”，平均每人每年消耗茶叶近3公斤，为全国茶叶人均消费量的10倍，被称为“茶人之村”。村人饮茶时把茶汁和茶渣一块吃下，谓之“吃茶”。泡茶还配入芝麻、橙子皮、烘青豆、豆瓣、笋干、丁香萝卜、豆腐干、老姜、薯干等，常有咸味，又称咸茶。一般连续冲水三次，每人一碗。

茶寿　喻活到一百零八岁者。多用于祝贺长者高寿。冯友兰《三松堂全集》（一）：“谓一百零八岁生日为茶寿。以茶字像‘艹’加八十八也。”

中国茶俗

云南的竹筒茶

这是傣族同胞的一种饮茶方法，傣语称之为“腊跺”。这是一种很特殊的饮茶方法，它将茶叶先装入鲜竹筒内，放在火塘边烘烤，边烘烤，边添加茶叶，直到竹筒填满茶叶，压紧压实为止。竹筒烤至焦黄，茶香外溢，即可移开火塘，剖开竹筒，取少许茶放入茶碗中，用沸水冲泡，即可饮用。这种茶特别清香可口，饮之有清新、醇浓之感。

纳西族的龙虎斗茶

纳西族称为“阿吉拉烤”，先将茶叶放在小陶罐中烘烤，待茶焦黄，冲入开水煮沸；其次在准备好的茶盅内倒入半杯白酒，然后把茶汁冲入盛酒茶盅内，这时杯中发出悦耳响声，响声过后，即可端茶敬客，茶浓酒香，别具风味。

苗族虫茶

虫茶是湖南城步苗族自治县长安乡长安村的著名土特产，已有200年的历史。相传清代乾隆年间，当地横岭峒一带的少数民族起义，被清军镇压后逃往深山。因一时无食物可充饥，无奈即采灌木丛中的苦茶枝，鲜叶为食，始食时感苦涩，食用后回味甘甜，遂大量采摘，并用箩筐和木桶等储存起来。不料几个月后，苦茶枝被一种浑身乌黑的虫子吃光了，箩筐中、桶中只剩下一些呈黑褐色、似油菜籽般细小的渣滓和虫屎，人们惋惜之余，走投无路，被逼无奈，只得试探性地将残渣和虫屎放进竹筒中，冲入沸水。顷刻间，泡浸出的褐红色茶汁竟清香甜美，欣喜之下饮之，觉分外舒适可门，且清香甜美。从此，当地的苗族同胞便刻意将苦茶枝叶喂虫，再用虫屎制成虫茶，成为苗寨的一大特色，至今风行。人们如到苗寨旅游，仍可品尝到风味独特的“苗族虫茶”。

侗家的十五茶

十五茶流行于广西侗族自治县等地，每年农历十五夜晚，男青年三五成群地去他村走寨，寨中的姑娘则会聚集于某个姑娘家中，待小伙子们到后以打油茶款待。喝茶前还在要先对歌，由女方问，男方答，答对者方能饮茶。女子献茶时先于一只碗上放两双筷，目的是试探小伙子是否有意中人，待双方用歌对答后再行第二次献茶，这时，则有碗无筷，以试探小伙子是否聪明。再次答歌后则开始第三次献茶，这时一只碗上放一根筷子，是试探男方是否有情于女方，答对后再以第四次献茶，这时即一只碗放一双筷子，表示成双成对、心心相印。

盐巴茶

这是纳西、傈僳、普米、怒和苗族等许多少数民族喜爱的一种饮茶方法。原料为当地生产的紧茶或饼茶，茶具为几件小瓦罐和瓷杯，方法是先将紧压茶捣碎放入瓦罐，把罐移向火塘烤烘，至茶叶发出“劈啪”响声和焦香气味，缓缓冲入开水，再煮5分钟，然后把捆扎的盐巴投入茶汤中，抖动几下移去，使茶汤略有盐味，即可移出火塘，把茶汁分倒在瓷杯中。太浓时再加开水冲淡饮用。

“烤茶”

这是拉祜族古老又普遍的饮茶方法。方法是将小土罐放在火塘上烤热，然后放入茶叶，边抖动边烘烤，至茶色焦黄时，冲入沸水，去浮沫，再倒入开水，试尝浓度适中，即可倒出饮用。这种茶焦香味浓，饮后消除疲劳，精神大振。

熏豆茶

熏豆茶遍及杭嘉湖一带，亦称烘豆茶，是中国既古老又时兴，既品茶又吃茶点的食品之一。由于此茶具有通气、开胃、健脾之功能，又有浓郁的乡土气息，吃起来香喷喷、咸津津，别具一格。因此，颇受海外华人和内地城乡居民的喜爱。

熏豆茶的茶叶，要选用“雨前”芽茶。芽茶幼嫩成朵，色泽绿翠，冲泡后似兰花开放，并有蕙兰清香。

熏豆选用新鲜的青毛豆肉，放食盐煮熟，烘干。熏豆营养丰富，不仅是熏豆茶的当家作料，而且还是上好的素食食品。

熏豆茶作料还有橙子皮（将剥开的橙子皮切成丝条加少许食盐卤腌后拌拼另外佐料）、野芝麻、丁香萝卜、黄豆芽、芽蚕豆、花生仁、桂花、姜片、橄榄，甚至还有豆腐干丝、笋干段、番薯干、酱黄瓜，等等。这些作料不仅味道鲜美，还有一定的医疗保健功能，例如，橙子皮有理气化痰、健脾温胃，丁香萝卜有利胸膈肺胃、安五脏的疗效，野芝麻有下气、消痰、润肺宽肠之功能。

当你探亲访友，在客家捧到一碗热气腾腾的熏豆茶，碗中碧绿的茶芽、青绿的烘豆、金黄色的橙子皮丝、洁白的豆芽和咖啡色的野芝麻，沉沉浮浮，吃起来香喷喷、咸津津、甜滋滋时一定会久久难忘。

品饮熏豆茶，讲究头开闻香，二开尝味，三开过后往往连汤带茶叶、熏豆和作料都一块吃掉。品饮熏豆茶时，可以添加作料，也可只冲茶续水再吃。风行吃熏豆茶的地方，还流传不少的饮茶风俗，如“打茶会”“阿婆茶”“新家婆茶”“新娘子茶”“毛脚女婿茶”，等等，把饮茶与娶妻会友融合在一块，增添了茶的韵味。熏豆茶由多种作料组合，随季节变化而变化，富有乡土气息，吃起来也要有功夫。

桃花源擂茶

考“擂茶”一名，出现甚早，宋代耐得翁《都城纪胜》及吴自牧《梦粱录》中就有“擂茶”“七宝擂茶”的记载。

而今，擂茶仍流行于福建、江西、湖南等地。福建擂茶，以茶叶、芝麻、花生米、橘皮和甘草为原料，盛夏酷暑还加入金银花，凉秋寒冬加入陈皮等，讲究的还放入适量的中药茵陈、甘草、川芎、肉桂等。先将原料放入陶制有齿纹的擂钵，用山楂木（油茶木）制成的木棒（俗称“擂槌”）碾研成粉碎状，冲入开水即可。具有生津止渴、心爽神清、健脾养胃、滋补益寿的作用，故有“喝上两杯擂茶，胜吃两帖补药”之说。在喝擂茶的同时，还备有佐茶的食品，如花生、瓜子、炒黄豆、爆米花、笋干、番瓜干、咸菜等，具有浓郁的乡土气息。

敬茶时擂茶碗内溢出的阵阵酥香、甘香、茶香，香味扑鼻而来，沁人肺腑，令人心驰神往，是待客的佳品。赣南人一年四季都饮擂茶，遇到婚嫁喜事、增添子女、小孩满月以及恭贺生日等，都离不开擂茶，素有“无（擂）茶不成客”之说。

湖南桃花源茶，即三生汤，则将生姜、生米、生茶叶及米仁、绿豆、芝麻等擂碎，倒入冷开水调匀，清凉降温。安化擂茶的原料包括茶叶、炒熟的花生米、大米、绿豆、玉米、生姜、黄瓜子、胡椒和食盐，擂成粉末后倒进沸水熬成糊状，茶稠如粥，香中带咸，稀中有硬。

擂茶不仅以其色、香、味和健身功能吊人胃口，尤其是当边喝擂茶，边听那悠悠擂茶歌或听有关古老而神奇的传说时，便能深深体会“莫道醉人惟美酒，擂茶一碗更生情”的意蕴了。

藏族的酥油茶

藏族同胞主要居住在我国西藏和云南、四川、青海、甘肃等省的部分地区。这里地势高峻，有“世界屋脊”之称，空气稀薄，气候高寒干旱，他们以放牧或种旱地作物为生，当地蔬菜瓜果很少，常年以奶肉、糌粑为主食。“其腥肉之食，非茶不消；青稞之热，非茶不解。”茶成了当地人们补充营养的主要来源，喝酥油茶如同吃饭一样重要。每当远方客人来到牧民帐篷时，好客的藏族同胞会让您在尊贵的位置盘膝落座，端上一碗热腾腾、香喷喷的酥油茶让您品尝、解渴。酥油茶是一种在茶汤中加入酥油等作料经特殊方法加工而成的茶汤。至于酥油，乃是把牛奶或羊奶煮沸，经搅拌冷却后凝结在溶液表面的一层脂肪。茶叶一般选用紧压茶中的普洱茶或金尖。制作时，先将紧压茶打碎加水在壶中煎煮20至30分钟，再滤去茶渣，把茶汤注入长圆形的打茶筒内。同时，再加入适量酥油，还可根据需要加入事先已炒熟、捣碎的核桃仁、花生米、芝麻粉、松子仁之类，最后还应放上少量的食盐、鸡蛋等。接着，用木杵在圆筒内上下抽打，根据藏胞经验，抽打时打茶筒内发出的声音由"咣当，咣当"转为"嚓，嚓"时，表明茶汤和作料已混为一体，酥油茶才算打好了，随即将酥油茶倒入茶瓶待喝。当地喝酥油茶有个规矩，即边喝边添，千万不能一口喝完。如果喝不习惯也无妨，喝了半碗后，等主人添满后，就让它摆着，在告辞时才一饮而尽，这才符合藏族同胞的礼貌和习俗。酥油茶是一种以茶为主料，并加有多种食料混合而成的液体饮料，滋味多样，喝起来咸里透香，它既可暖身御寒，又能补充营养。在西藏高原或高原地带，人烟稀少，家中少有客人进门。偶尔有客来访，可招待的东西很少，加上酥油茶的独特作用，因此，敬酥油茶便成了藏族同胞款待宾客的珍贵礼仪。

藏族同胞大多信奉喇嘛教，当喇嘛祭祀时，虔诚的教徒要敬茶，有钱的富贵人家要施茶。他们认为，这是"积德""行善"，所以在西藏的一些大喇嘛寺里，多备有一口特大的茶锅，通常可容茶数担，遇上节日，向信徒施茶，算是佛门的一种施舍，至今仍随处可见。

清茶和面茶

在陕西省汉中地区西北部的略阳县、甘肃省陇中一带的民间广泛流传着用陶罐煨清茶和面茶的习俗。清茶又分为一般清茶、油炒清茶和细作清茶。若远方的贵客来临，主人一定会以最精美的细作清茶来招待客人。细作清茶的制法，有沿袭古时的“茗粥”饮法，但更具当地民间特有的风情和独到的风味。用料和烹茶的程序都十分讲究：由主妇先把馍片切好，烤于火塘边；再将一只小小的陶罐煨于火边，放猪油匙入罐；待油溶化，随手放入一小勺面粉，同时将一枚杏仁或一瓣核桃仁或少许瓜子仁捣碎后放入罐内用长柄小木铲翻炒，当罐内散发出阵阵焦香气味时，即用小铲将炒熟的果油膏汁搪于罐壁，再下茶叶、花椒叶和少量食盐等，再次和拌翻炒，当罐内再次散发出茶果油面的浓烈香味时，立即加入适量的水（温开水）煮沸后，别具风味的细作罐罐清茶就制好了。再将茶分于小盅内，由主人用小茶盘托着奉献给客人嗅香、品尝；主人将烹茶前放在火塘边上烤得焦黄的馍片盛入小瓷盘里，放在客人面前的小桌几上，供客人在饮茶。饮茶时一边喝茶，一边吃馍片，可谓是别具风情的品茶艺术享受了。

略阳山区还有一种罐罐面茶，也分为三种，当地俗称“一层楼、二层楼、三层楼”，言其茶品位有高下之分。二三层楼的面茶，逢年过节时才饮用，平常有客人时也制作高档面茶以示对贵客的尊敬。其制作方法是，将核桃、豆腐、鸡蛋、肉丁、黄豆（经粉碎）、花生、粉条、油炒酥食等，分别用油加五香粉调后炒成几种不同口味的食品，分别盛于容器里，以备调茶。烹茶人这时在火塘边煨上茶罐，罐里在放入茶叶的同时，再放入少许的花椒叶，注水煮沸后，随即往罐里调入事先备好的稠面糊，用竹筷在罐内搅动，使之调和均匀。当面茶煮熟后，即可向客人奉茶了。

“层楼面茶”，是指主人向客人的茶碗里先倒上一层面茶，再敷上一层（前已备好的）美味调品，若是如此反复三次，将三种不同味道的食品调和在同一茶碗里，客人饮罢一碗茶，即是“登”上“三层楼”，品尝和接受了热情好客的略阳人独具乡土风韵的面茶和最高的奉茶礼仪了。

崩龙族的水茶

崩龙族是居住在云南西部的少数民族，过去称为德昂族，崩龙族对于茶情有独钟，不仅喝茶而且嚼茶。

水茶的做法是将茶树上采下来的鲜嫩茶叶经日晒萎凋后，拌上盐巴，装入小竹篓，一层层压紧，约一周后即成嚼食用的水茶。这种茶清香可口，带有咸味，能解渴消食。吃茶的方法很特别，是直接将茶放进嘴里咀嚼。又因为制法特别，水茶又叫腌茶。

僾尼族的土锅茶

僾尼族是属于哈尼族的支系，居住在云南省勐海县南糯山下，喜欢饮土锅茶。土锅茶的僾尼族语称为“绘兰老泼”。“老泼”就是指茶叶。

上锅茶的制法是，以大土锅盛山泉水烧开，放入南糯山所产的南糯白毫，约煮五六分钟，将茶汤舀入竹子制成的茶盅内饮用。相传南糯山的那棵老茶树就是僾尼族人所种植的。

裕固族的摆头茶

裕固族聚居在甘肃省河西走廊中部和祁连山北麓，主要从事牧业生产，饮食中以糗粑、酥油、乳制品为主。

裕固族牧民饮用的摆头茶，又称为酥油炒面茶，是在熬得很浓的砖茶汁中，加入炒面、酥油、牛奶、盐、奶酪皮等，用筷子搅成糊状后饮用。

由于他们在喝茶时，碗在手中从左到右不停地转动，一边转一边用嘴有节奏地往碗里吹气，开始是吹几口喝一口，后来是吹一口喝一口，因为一吹一摆头的动作很特别，所以就称为摆头茶。

裕固族牧民每日三茶一饭，与其他牧民族相似，只有晚餐正式吃饭。裕固族热情好客，客人来访时，主人都会穿上民族服装，双手托着装满酥油炒面茶的茶碗，在客人面前放声高唱献茶歌，歌声完毕客人才可以双手将茶碗接过来饮用。

摆头茶所用的材料大都是湖南的茯砖茶。首先以铁锅把茶水烧开，然后把捣碎的茯砖茶倒入锅中熬煮到非常浓稠后再调入牛奶、食盐，以勺子反复搅匀，在瓷碗中放上酥油、炒面、奶酪皮等，将调好的奶茶加入瓷碗中就可成为酥油炒面茶。

裕固族早茶是一般的酥油炒面茶，即是早餐。中午还是这种茶，不过在喝茶的同时，吃些炒面或烫面烙饼，这是午餐。下午再喝一次酥油奶茶，晚上一家人放牧回来后，才在一起吃饭。

佤族的铁板烧茶

佤族的铁板烧茶不同于烤茶，其做法是先烧开一壶水，在火塘上架一块铁板，将茶叶放在铁板上烤至焦黄，然后把烤好的茶叶放入壶内煮3至5分钟，倒入茶碗中饮用，烧一次茶，煮一次水，现烧现饮。这种茶苦中回甘，带有浓烈的焦香味。

陇中人的罐罐茶

世世代代居住在陇中地区的人民，素有喜饮罐罐茶的风俗。甘肃陇中的罐罐茶同与之相邻的陕西略阳民间的罐罐茶是既相同，又有区别。如到陇中广大地区旅游、生活过的人，往往会被那里风格各异的乡情民俗所吸引。就以饮茶风习而言，最令人乐道的就是那里的罐罐茶了。陇中人民喜爱的饮茶方式，也是一隆火塘、一把茶叶、一个如鸡蛋大小的陶瓦茶罐、一只（或数只）茶盅和一个茶盘，就构成了陇中罐罐茶的全部器具了。在农村，隆冬季节农闲时，人们常坐在火塘边，一边烤火，一边喝着罐罐茶悠闲地谈天说地。而在以往那些艰苦的岁月，气候温和的季节里，一般家庭不经常生火塘，若饮茶时，先劈柴生起用黄泥土砌成的小火炉，征称作“催催”的小砂罐罐里放入茶叶，注水后放在火炉上反复熬煎，在茶汤变得浓酽、满屋飘香时，便提罐离火将茶叶汁倒入小盅里细细品饮，再往砂罐里续上水，重新在火炉上煎第二遍茶。

陇中罐罐茶最讲究的是汤色浓酽和滋味苦涩。民间有“能喝下黏稠吊线的茶汁才算得上是真正的喝茶人”之说。而如今即使在民间饮罐罐茶，随着人民生活水平的不断提高和社会的进步，是在茶具或在茶品的选用上都发生了显著的变化，许多的饮茶人也已经从烟熏火燎的火塘边解脱出来，已改用小电炉、小煤油炉熬茶，往日的小小砂陶罐，也被导热性能良好，精致美观的金属小罐代替了。由于茶叶生产的逐年发展，茶叶新品种日益增多，加之茶叶营销市场不断扩大，全国各产茶区的名茶，已进入寻常百姓之家。民间饮罐罐时，也趋向选用多品种、较高档次的茶叶了。这就使世代相传的民间罐罐茶，也注入了现代茗饮文化的新时尚。

蒙古人的奶茶

蒙古族主要居住在内蒙古及其边缘的一些省、区，喝咸奶茶是蒙族同胞的传统饮茶习俗。在牧区，他们习惯于“一日三餐茶”，却往往是“一日一顿饭”。每日清晨，主妇第一件事就是先煮一锅咸奶茶，供全家整天享用。蒙古族喜欢喝热茶，早上他们一边喝茶，一边吃炒米，剩余的茶放在微火上暖着，供随时取饮。通常一家人只在晚上放牧回家才正式用餐一次，但早、中、晚三次喝咸奶茶是不可或缺的。蒙古族喝的咸奶茶，多为青砖茶或黑砖茶，煮茶的器具铁锅。制作时，先把砖茶打碎，并将洗净的铁锅置于火上，盛水2至3千克，烧水至刚沸腾时，加入打碎的砖茶25克左右。当水再次沸腾5分钟后，掺入奶，用量为水的五分之一左右。稍加搅动，再加入适量的盐巴。等到整锅咸奶茶开始沸腾时，才算煮好了，即可盛在碗中待饮。

煮咸奶茶的技术性很强，茶汤滋味的好坏，营养成分的多少，与用茶、加水、掺奶及加料次序的先后都有很大的关系。如茶叶放迟了，或者加茶和奶的次序颠倒了，茶味就会出不来。而煮茶时间过长，又会丧失茶香味。蒙古族同胞认为，只有器、茶、奶、盐、温五者互相协调，才能制成咸香相宜、美味可口的咸奶茶。为此，蒙古族妇女都练就了一手煮咸奶茶的好手艺。大凡姑娘从懂事起，做母亲的就会悉心向女儿传授煮茶技艺。当姑娘出嫁新婚燕尔之际，也得当着亲朋好友的面，显露自己煮茶的本领。否则，就会有缺少家教之嫌。

回族的刮碗子茶

回族同胞主要居住在我国的大西北，以宁夏、青海、甘肃三省（区）最为集中。回族居住处多在高原沙漠，气候干旱寒冷，蔬菜缺乏，以食牛羊肉、奶制品为主。而茶叶中存在的大量维生素和多酚类物质，不但可以补充蔬菜的不足，而且还有助于去油除腻，帮助消化。自古以来，茶一直是回族同胞的主要生活必需品。

回族饮茶，方式多样，其中有代表性的是喝刮碗子茶。刮碗子茶用的茶具，俗称“三件套”，由茶碗、碗盖和碗托或盘组成。茶碗盛茶，碗盖保香，碗托防烫。喝茶时，一手提托，一手握盖，并用盖顺碗口由里向外刮几下，这样一则可拨去浮在茶汤表面的泡沫，二则使茶味与添加食物相融，刮碗子茶的名称便由此而生。

刮碗子茶多为普通炒青绿茶，冲泡茶时，除茶碗中放茶外，还放冰糖与多种干果，如苹果干、葡萄干、柿饼、桃干、红枣、桂圆干、枸杞子等，有的还要加上白菊花、芝麻之类，通常多达八种，故也有人美其名曰“八宝茶”。

由于刮碗子茶中食品种类较多，加之各种配料在茶汤中的浸出速度不同，因此，每次续水后喝起来的滋味是不很一样的。一般说来，刮碗子茶用沸水冲泡，随即加盖，经5分钟后开饮。第一泡，以茶的滋味为主，主要是清香甘醇；第二泡，因糖的作用，就有浓甜透香之感；第三泡，茶的滋味开始变淡，各种干果的味道就应运而生，具体依所加的干果而定。一杯刮碗子茶，能冲泡五六次，甚至更多次。

回族同胞认为，喝刮碗子茶次次有味，且次次不同，又能去腻生津，滋补强身，是一种甜美的养生茶。

白族的三道茶

“三道茶”系白族一种古老的品茶艺术，起源于公元8世纪南诏时期，流传至今已有千余年历史。400多年前，徐霞客游大理时，写道：“注茶为玩，初清茶，中盐茶次蜜茶。”民间代代相传，演变成了今日的三道茶习俗。白族同胞散居在我国西南地区，主要分布在风光秀丽的云南大理。白族是一个好客的民族，大凡在逢年过节、生辰寿诞、男婚女嫁、拜师学艺等喜庆日子里，或是在亲朋宾客来访之际，都会以“一苦、二甜、三回味”的三道茶款待。

三道茶的泡饮，茶分三道，味各不同。

第一道茶，称为“清苦之茶”寓意做人的哲理：“要立业，就要先吃苦。”制作时，先将水烧开。再由司茶者将一只小砂罐置于文火上烘烤。待罐烤热后，随即取适量的茶叶放入罐内，并不停地转动砂罐，使茶叶受热均匀，待罐内茶叶“啪啪”作响，叶色转黄，发出焦糖香时，立即注入已经烧沸的开水。少顷，主人将沸腾的茶水倾入茶盅，再用双手举盅献给客人。由于这种茶经烘烤、煮沸而成，看上去色如琥珀，闻起来焦香扑鼻，喝下去滋味苦涩，故而谓之“苦茶”。通常茶盅的茶水只有半杯，一饮而尽。

喝完第一道茶后，主人会重新置茶、烤茶、煮茶。换上精美的小茶碗以茶碟子相托，其内放入生姜片、红糖、蜂乳、炒熟的白芝麻、切得极薄的熟核桃仁片，冲茶至八分满。此茶甜中带香，第二道茶叫甜茶。它寓意“人生在世，做什么事，只有吃得了苦，才会有甜来”。

第三道茶称回味茶，先将麻辣桂皮、花椒、生姜片放入水里煮，冲煮出的汁液放入杯内，加入苦茶、蜂乳即成。饮第三道茶时，一般是一边晃动茶盅，使茶汤和作料均匀混合，一边口中“呼呼”作响，趁热饮下。饮下顿觉香甜苦辣俱全，让人回味无穷，它寓意人们要常常回味，牢牢记住“先苦后甜”的道理。

三道茶一般每道茶相隔三至五分钟，同时桌上放些瓜子、松子、糖果，以增茶趣。

三炮台碗子茶

三炮台碗子茶，是指下有底座（碗托）、中有茶碗、上有碗盖的三件一套的盖碗，因形如炮台，故称三炮台碗。撒拉族认为，喝三炮台碗子茶，次次有味，且次次不同，又能去腻生津，滋补强身。冲泡三炮台碗子茶时，茶叶多为晒青绿茶，此外还要加冰糖、桂圆、枸杞、苹果干、葡萄干、红枣、白菊花、芝麻等，也称为“八宝茶”。喝三炮台时，一手提碗，一手握盖，并用碗盖随手顺碗口由里向外刮几下，一则刮去茶汤上面的漂浮物；二则使茶叶和添加物的汁水相融。由于有一个刮漂物的过程，三炮台刮碗子茶又称为刮碗子茶。

三炮台刮碗子茶的配料在茶汤中的浸出速度是不一样的，因此，每泡茶汤滋味是不一样的。第一泡以茶味为主，清香甘醇；第二泡因糖的作用，有浓甜透香之感；第三泡开始，各种干果的味道浸透出来。

维吾尔族的茶礼

维吾尔族是一个好客的民族，凡是家里来客人便高兴和热情地接待，并请坐在上席。给客人敬第一碗茶一般都由女主人来做。女主人将茶水倒在茶碗中，放在托盘里端上来，先从资格最老的客人开始献茶。第二碗开始由男主人敬茶，或者由专人负责随时添茶。倒茶时不要往茶碗中猛倒，而要顺着茶碗内壁慢慢地倒，茶水不能倒满；主人给客人奉茶时，客人不要为表示客气而接壶自斟；如果不想再喝，可用手把碗口捂一下，示意已喝好。按照维族的风俗在饮茶后或吃完饭时由长者作“都瓦”（祈祷与祝福），作“都瓦”时把两只手伸开并在一起，手心朝脸默祷几秒钟或者更长些，然后轻轻从上到下摸一下脸（这一动作在维吾尔民间习俗里表示吉祥如意），“都瓦”就完毕了。默祷的时间根据场合的不同而定，有短有长。在作“都瓦”时不能东张西望或起立，更不能笑。待主人收拾完茶具与餐具后，客人才能离席，否则就是失礼。

维吾尔族喜欢喝茯砖茶。在饮茶习惯上又因所处的地域不同而有所差别。天山以北（北疆）的维族同胞多喝奶茶。奶茶的做法：将茶叶放入铝锅或壶里的开水中煮沸后，放入鲜牛奶或已经熬好的带奶皮的牛奶；放入的奶量以茶汤的五分之一到四分之一为宜，再加入适量的盐。奶皮茶的做法与此基本类似。此外还有人喜食甜茶，即把砂糖块放在茶水中饮用。有的家庭喜食核桃茶，将碾碎的核桃仁放入大茶碗中，以煮好的茶水冲饮，是一种营养价值极高的茶。

维吾尔族的煮砖茶

天山以南（南疆）的维族同胞平常喜欢喝清茶或香茶，有时也喝奶茶。清茶的做法是，先将茯砖茶劈开弄碎，依茶壶容量放入适量的碎茶，加入开水急火烧煮沸腾即可。不可用温火慢烧，因为烧的时间过长，就会使茶汤失去鲜爽味并变得苦涩。南疆人主要从事农业劳动，主食面粉，最常见的是用小麦面烤制的馕，色黄，又香又脆，形若圆饼。进食时，喜欢与香茶伴食，平日也爱喝香茶。他们认为，香茶有养胃提神的作用，是一种营养价值极高的饮料。南疆维族同胞煮香茶时，使用的是铜制的长颈茶壶，也有用陶质、搪瓷或铝制长颈壶的，而喝茶用的是小茶碗，这与北疆维族人煮奶茶使用的茶具不一样。制作香茶时，应先将茯砖茶敲碎成小块状。同时，在长颈壶内加水七八分满加热，当水刚沸腾时，抓一把碎块砖茶放入壶中，当水再次沸腾约5分钟时，则将预先准备好的适量姜、桂皮、胡椒、香料放进煮沸的茶水中，轻轻搅拌，经3至5分钟即成。为防止倒茶时茶渣、香料混入茶汤，在煮茶的长颈壶上往往套有一个过滤网。南疆维族喝香茶，习惯一日三次，与早、中、晚三餐同时进行，通常是一边吃馕，一边喝茶，这种饮茶方式，与其说把它看成是一种解渴的饮料，还不如把它说成是一种佐食的汤料，实是一种以茶代汤，用茶作菜之举。

四川人的盖碗茶

在汉族居住的大部分地区都有喝盖碗茶的习俗，而以我国的西南地区的一些大、中城市，尤其是成都最为流行。盖碗茶盛于清代，如今在四川成都、云南昆明等地，已成为当地茶楼、茶馆等饮茶场所的一种传统饮茶方法。一般家庭待客，也常用此法饮茶。

饮盖碗茶一般说来，有五道程序：一是净具，用温水将茶碗、碗盖、碗托清洗干净。二是置茶，用盖碗饮茶，所用的茶叶，常见的有花茶、沱茶。三是沏茶，一般用初沸开水冲茶，冲水至茶碗口沿时，盖好碗盖，以待品饮。四是闻香，泡5分钟左右，茶汁浸润茶汤时，则用右手提起茶托，左手掀盖，随即闻香舒腑。五是品饮，用左手握住碗托，右手提碗抵盖，倾碗将茶汤徐徐送入口中，品味润喉，提神消烦。

云南人的九道茶

九道茶主要流行于中国西南地区，以云南昆明一带最为时尚。泡九道茶一般以普洱茶最为常见，多用于家庭接待宾客，所以又称迎客茶，温文尔雅是饮九道茶的基本方式。因饮茶有九道程序，故名“九道茶”。

赏茶：将珍品普洱茶置于小盘，请宾客观形、察色、闻香，并简述普洱茶的文化特点，激发宾客的饮茶情趣。

洁具：迎客茶以选用紫砂茶具为上，通常茶壶、茶杯、茶盘一色配套。多用开水冲洗，这样既可提高茶具温度，以利茶汁浸出，又可清洁茶具。

置茶：一般视壶大小，按一克茶泡50至60毫升开水比例将普洱茶投入壶中待泡。

泡茶：用刚沸的开水迅速冲入壶内，至三四分满。

浸茶：冲泡后，立即加盖，稍加摇动，再静置5分钟左右，使茶中可溶物溶解于水。

匀茶：启盖后，再向壶内冲入开水，待茶汤浓淡相宜为止。

斟茶：将壶中茶汤，分别斟入半圆形排列的茶杯中，从左到右，来回斟茶，使各杯茶汤浓淡一致，至八分满。

敬茶：由主人手捧茶盘，按长幼辈分，依次敬茶示礼。

品茶：一般是先闻茶香清心，继而将茶汤徐徐送入口中，细细品味，以享饮茶之乐。

广东人的早茶

早市茶，又称早茶，多见于中国大中城市，其中历史最久，影响最深的是羊城广州，他们无论在早晨上工前，还是在工余后，抑或是朋友相聚，总爱去茶楼，泡上一壶茶，要上两件点心，美名“一盅两件”，如此品茶尝点，润喉充饥，风味横生。广州人品茶大都一日早、中、晚三次，但早茶最为讲究，饮早茶的风气也最盛。饮早茶是喝茶佐点，因此当地称饮早茶谓“吃”早茶。

吃早茶是汉族名茶加美点的另一种清饮艺术，人们可以根据自己的需要，当场点茶，品味传统香茗，又可按自己的口胃，要上几款精美清淡的小点，如此吃来，更加津津有味。

如今在华南一带，除了吃早茶，还有吃午茶、吃晚茶的，把这种吃茶方式看做是充实生活和社交联谊的一种手段。

在广东城市或乡村小镇，吃茶常在茶楼进行。如在假日，全家老幼登上茶楼，围桌而坐，饮茶品点，畅谈国事、家事、身边事，更是其乐融融。亲朋之间，上得茶楼，谈心叙谊，沟通心灵，备觉亲近。许多即便交换意见，或者洽谈业务、协调工作，甚至青年男女谈情说爱，也喜欢用吃（早）茶的方式，这就是汉族吃早茶的风尚之所以能长盛不衰，甚至更加延伸扩展的缘由。

大碗茶

喝大碗茶的风尚，在汉民族居住地区，随处可见，特别是在大道两旁、车船码头、半路凉亭，直至车间工地、田间劳作，都屡见不鲜。这种饮茶习俗在我国北方最为流行，尤其早年北京的大碗茶，更是名闻遐迩，如今中外闻名的北京大碗茶商场，就是由此沿袭命名的。

大碗茶多用大壶冲泡，或大桶装茶，大碗畅饮，热气腾腾，提神解渴，好生自然。这种清茶一碗，随便饮喝，无须做作的喝茶方式，虽然比较粗犷，颇有“野味”，但它随意，不用楼、堂、馆、所，摆设也很简便，一张桌子，几张条木凳，若干只粗瓷大碗便可。因此，它常以茶摊或茶亭的形式出现，主要为过往客人解渴小憩。

大碗茶由于贴近社会、贴近生活、贴近百姓，自然受到人们的称道。即便是生活条件不断得到改善和提高的今天，大碗茶仍然不失为一种重要的饮茶方式。

布朗族的青竹茶

布朗族同胞主要聚居在我国云南西双版纳自治州，以及临沧、澜沧、双江、景东、镇康等地的部分山区。喝青竹茶是一种方便而又实用的饮茶方法，一般在离开村寨务农或进山狩猎时采用。

布朗族喝的青竹茶，制作方法较为奇特。首先砍一节碗口粗的鲜竹筒，一端削尖，插入地下，再向筒内加上泉水，当作煮茶器具。然后找些干枝落叶，当作烧料点燃于竹筒四周。当筒内水煮沸时，随即加上适量新鲜茶叶，待3分钟后，将煮好的茶汤倾入事先已削好的新竹罐内，便可饮用。

青竹茶将泉水的甘甜、青竹的清香、茶叶的浓醇融为一体，所以，喝起来别有风味，久久难忘。

傣族的竹筒茶

竹筒香茶是傣族人别具风味的一种茶饮料。傣族同胞世代生活在我国云南的南部和西南部地区，以西双版纳最为集中。傣族是一个能歌善舞而又热情好客的民族。

傣族同胞喝的竹筒香茶，其制作和烤煮方法甚为奇特，一般可分为五道程序：

装茶：将采摘细嫩、再经初加工而成的毛茶，放在生长期为一年左右的嫩香竹筒中，分层陆续装实。

烤茶：将装有茶叶的竹筒放在火塘边烘烤，为使筒内茶叶受热均匀，通常每隔4至5分钟应翻滚竹筒一次。待竹筒色泽由绿转黄时，筒内茶叶也已达到烘烤适宜，即可停止烘烤。

取茶：待茶叶烘烤完毕，用刀劈开竹筒，就成为清香扑鼻，形似长筒的竹筒香茶。

泡茶：分取适量竹筒香茶，置于碗中，用刚沸腾的开水冲泡，经3至5分钟，即可饮用。

喝茶：竹筒香茶喝起来，既有茶的醇厚高香，又有竹的浓郁清香，喝起来有耳目一新之感，难怪傣族同胞，不分男女老少，人人都爱喝竹筒香茶。

打油茶

油茶是滇、黔、湘、桂四省区毗邻地区的侗族同胞喜爱的一种饮料。

清明前后，侗族姑娘身背“堆巴”（绣有花边图案的长方形口袋），唱着“嘎拜金”（山歌）去采茶。把采回的茶叶蒸煮变黄之后，取出淌干，加少许米汤略加揉搓，再用明火烤干，装入竹篓，挂在火塘上的木钩上，使之烟熏后，更加干燥，成为打油茶的原料。或者用刚从茶树上采下的幼嫩新梢，这可根据各人口味而定。打油茶的原料除茶叶外还有“粒粒子”。“粒粒子”包括花生米、黄豆、芝麻、玉米花、糯粑、笋干等。

打油茶的烹制方法是先发“阴米”（蒸熟晾干的糯米），这道工序很讲究火候，把油放入锅内待发出热气后即放入阴米，边放边捞出，稍慢就会黑焦变苦。接着将“粒粒子”在油锅里猛火炒，炒熟后抓一撮放入茶碗。然后把黏米（一种煮过的米）炒成半焦，也叫焦米，再放茶油，待焦米冒出丝丝青烟时，放入茶叶拌炒约10分钟后加一瓢热水，待沸加盐、姜、葱，把茶汤注入盛有“粒粒子”的茶碗中，再将菠菜等分别放到滚开的茶水里烫个半生熟，装进碗里，这时打油茶便成了。

喝油茶时，第一碗必须端给长辈或贵宾。头两碗吃“空水”茶，其实空水并不空，放入阴米、花生、黄豆、虾子、鱼仔，还可加猪肝、粉肠、葱花等佐料。第三至第五碗放几颗糯米水圆。第六至第九碗放几片糍粑，最后一碗放糖煮甜茶，称为“二空三圆四粑粑，后加一碗甜油茶，不吃十碗不过岗，乐得主人笑哈哈”。其实客人并不能喝得下十碗，这只是主人要客人喝足的意思。由于喝油茶是碗内加有许多食料，因此还得用筷子相助，说是喝油茶，还不如说吃油茶更贴切。吃油茶时，客人为了表示对主人热情好客的回敬，赞美油茶的鲜美可口，称道主人的手艺不凡，总是边喝、边吸、边嚼，在口中发出“啧、啧”的声响，赞口不绝。

江南水乡的“阿婆茶”

周庄的“阿婆茶”是江南水乡一种独特的茶道。男女老少围坐在一起品茗时，必须佐以当地土产腌菜、酱瓜、酥豆和糖果等茶点。吃阿婆茶以侃和品尝茶点为主，说累了、吃咸了，才喝一口茶，润润喉咙。边吃边谈，说说笑笑，有茶有点，这便是“阿婆茶”。

这是周庄中老年妇女较常见的喝茶方式，每天分早、午、晚三道茶。阿婆（家庭主妇）们边喝茶边做针线活，边聊家常，成为一种带有水乡风韵的家庭社交，“阿婆茶”由此命名。喝茶时，主人在桌上置放几碟土制小吃以佐茶。

吃阿婆茶一般由街坊邻里轮流做东，定下日期后，由东家先在家中洗涤好茶具，摆设桌椅，备好各式茶点后四出邀请茶客。客人来后，主人热情招待，天南地北、海阔天空，边谈边吃，吃过三开后，客人方可离席，辞别时一般都约定下次吃阿婆茶的东家和时间。周庄人吃阿婆茶不但能促进睦邻关系，也是交流思想、传递信息、社交公关、文化娱乐的一种方式。

杭客矜龙井，

苏人代虎丘。

小筐来石埭，

太守尝池州。

午梦醒犹蝶，

春泉乳落牛。

对之堪七碗，

纱帽正笼头。

徐渭《谢钟君惠石埭茶》